鳥・人・自然

いのちのにぎわいを求めて

樋口広芳

東京大学出版会

Birds, Humans, and Nature : Celebrating the Diversity of Life
Hiroyoshi HIGUCHI
University of Tokyo Press, 2013
ISBN 978-4-13-063336-9

はじめに

鳥は私たち人間にいろいろな楽しみを与えてくれる。鳥はなんといっても美しい。目のさめるような青や黄色、あるいは真っ赤な鳥、光の加減で青から紫へと微妙に変化する鳥、頭に王冠のような羽毛をもつ鳥、背中や腰に繊細な織物のような飾り羽をもつ鳥、体の何倍もの尾羽をひらめかせて飛ぶ鳥などなど。よくまあ自然はこんなにすばらしい芸術品をつくり出したものだ。鳥ほど目につき、見ていて楽しい生きものはそういない。見る楽しみ、出合いの楽しみをもつことのなんと幸せなことか。鳥の多くは昼間の世界に生きるため、哺乳類などと違って見やすい、ということもある。「野鳥の会」というのはあっても、「野獣の会」などというのがないのはそうした理由からだろう。

声が美しい、というのも鳥の特徴だ。とくに小鳥のさえずりは、音楽的な旋律に満ちていてすばらしい。小さな体のどこから、こんな声量のある美しい声を出すのだろう、と思うこともある。やはり、よくまあ自然はこんなにすばらしい音楽をつくり出したものだと感心してしまう。初夏の早朝、森の中は小鳥のさえずりであふれている。そこにたたずんでいると、いろいろな鳥のさえずりが耳の中に焼きつき、夜、眠りにつく頃になっても残っていることがある。

動作や行動がおもしろい、というのも鳥を見る楽しみのひとつだ。鳥たちは採食、繁殖、渡りなど、生活のいろいろな場面で興味深い行動を見せる。採食についていえば、昆虫、木の実、花蜜などにとりつく様子、空中から豪快に水中に突っ込んで魚を捕る様子、秋に木の実をせっせと貯える行動など。繁殖については、雌の前で雄が見せる奇妙な踊り、雄どうしのきびしいなわばり争い、いろいろな子育ての様子、とりわけ他種の鳥に卵をあずけるカッコウなどの行動、親鳥に餌ねだりする巣立ちびなの愛らしい様子など。渡りについては、ツルやハクチョウなどの渡りくる、あるいは渡りゆく様子、岬や尾根で上昇気流に乗り輪を描きながら舞い上がるタカの群れ、月面を一列になって横切るガンやカモの様子など。場所により、季節によってさまざまな出合いがあり、見る楽しみが尽きることはない。

加えて、鳥には存在感がある。湖沼や干潟に出かけ、そこに鳥がいないとなんとなく物寂しいが、一羽でもサギなりカモメなりが降り立つと景色が一変する。生き生きとした「鳥のいる景色」が現れるのだ。何もしないでたたずんでいるだけで、違うのである。何十、何百のシギやチドリが群れて飛び交い、あるいは採食などしていれば、それはまさに生きもののにぎわい、生命（いのち）のにぎわいとなる。見ている者の心は躍り、生きていることのうれしさに包まれる。

鳥たちは私たち人間に単に楽しみを与えてくれるだけではない。その見やすさや移動能力などを通して、生きものの世界のあり方、自然の世界の成り立ちを目に見える形で教えてくれる。動物や人間が見せる行動の由来、生きものが多様であることの意味や仕組、森林や湖沼、干潟の生態系の成り立ち、隣接したあるいは遠く離れた自然と自然のつながりなどについて教えてくれるのだ。私たちは、鳥や自然の世界に触れながら、また国内外の各地での出合いを楽しみながら、悠久の生命の歴史に思いをはせ、多様な生きものが織りなす複雑精妙な仕組に感動し、われわれ人間をふくむ多くの動物がもつ不思議な能力に驚きを感じる瞬間をもつことができるのである。なんと幸せなことだろうか。

また一方、鳥は私たちの生活や生命とも密接にかかわっている。生活に潤いを与えてくれる、といったこれまで述べたようなプラスの面だけでなく、困った面も合わせもっている。一部の鳥たちが見せる人間生活との軋轢がその例である。農作物に害を与えるスズメ、ヒヨドリ、カルガモ、水産資源に打撃を加えるカワウ。そして、ゴミを食い散らかし、人を襲い、石鹸を盗み、果ては線路に置き石をしたり、ロウソクを持ち去って火事を起こしたりするカラス。空港では、カラスやカモメ、トビなどが航空機と衝突し、墜落させることさえある。たかが鳥たちがやっていること、といって見すごすことのできない、重大な問題がいろいろ存在するのだ。

さらに今日鳥たちは、各地で急速に姿を消しつつある。高校生や大学生の頃、そう今から四〇年以上ほど前には、横浜でも宇都宮でも、身近なところでいろいろな森の小鳥、水辺の鳥たちに出合うことができた。鳥たちのにぎわい、鳥のいる景色はあたりまえのことだった。今はどうだろう。森でも水辺でも、かつての半分、あるいは三分の一ほどの数の鳥にしか出合えない。事情は世界の各地でも同様だ。減少の多くは、人間による森林や湖沼、干潟の破壊、化学汚染、密猟、温暖化などによるものだ。すでに、人が保全に積極的にかかわらなければ消滅していく鳥たちが多数存在する。かれらの存続は、私たちがどれだけすぐれた理解、判断、方策をもつことができるかにかかっている。

私はこうした鳥たちの世界に魅かれ、強い興味をもち、四〇年ほどにわたって鳥を見聞きしてきた。鳥を見たり聞いたりすることは、鳥好きの私にとって日常生活の一部であり、鳥の研究者としては仕事でもある。その切れ目はあるようでいて、はっきりしないところもある。何気ない観察から、あるいは新聞やテレビの報道から、重要な研究の糸口をつかむことがある。一方、研究が一段落したあとでも、対象となる鳥が現れると特別用事もないのに、つい行動を追ってみたりすることもある。たとえば、他種に卵をあずける「托卵」についての研究を何年か続けたあとなどには、宿主となるウグイスの声がすると、調べるわけでもないのに自然と体が竹やぶの中に導かれていく。鳥への関心は、いつ、どこにいても私の中にあった。ともかく、鳥とのつき合いは常に刺激に満ちた楽しいものだった。

鳥とのつき合いは、鳥をとりまく自然とのつき合いであり、また鳥や自然とかかわる人とのつき合いでもある。そこにはいろいろなドラマがあり、刺激に満ちた時間がある。本書で私は、私がこれまでに見聞きしてきた鳥の世界の驚きや不思議、また鳥を生かす自然の成り立ち、そして鳥にかかわるさまざまな人間模様について紹介していこうと思う。とりあげる話題は、身近な鳥との出合い、一期一会ともいえる貴重な出合いから、カラスの多様な食習性、鳥たちの不思議な旅、最近の原発事故が鳥や自然に及ぼす影響、テレビドラマに登場する鳥たちに至るまでいろいろである。後半では、関連の研究を志す若い人たちへの参考となることを願って、私個人の研究の筋道についても紹介したい。

本書は、どこから読んでいただいてもかまわない構成にしてある。全体で四つの部に分けてあるが、厳密な区分ではなく、場合によっては入れ替え可能なところもある。だが、最初の章は、鳥とのふれあいについての軽い内容に留めてある。また後半へと進むにしたがって、鳥と自然と人間とのかかわりのより深い部分へと話が展開される。したがって、おそらくはじめから順に読んでいっていただく方がよいのではないかと思われる。

本書では、細かい内容を説明する図や表はほとんど使用していない。ただし、参考になる文献は、必要と思われるところでは示してある。気楽に読み進める中で、鳥や自然の世界、それらと人の世界とのかかわりについて理解を深めていっていただければ幸いである。

鳥・人・自然／目次

はじめに

第1部　鳥との一期一会

第2部　鳥のくらしと人のくらし

第4部　鳥・人・自然

鳥・人・自然

第1部　鳥との一期一会

第1章——日々のくらしの中で

鳥に関心をもつ人は、日々の生活の中で、あるいは日本の各地、世界の各地を旅しながら、思いがけない鳥との出合いに心を躍らせる。そのような中には、一生に何度も味わえないもの、あるいはただの一度しか出合えないものもある。そうした経験を重ねてくると、一つひとつの出合いをたいせつにしたい、と思うようになる。鳥との一期一会の心境だ。

この章と続く第2章では、そうした経験の中から、とりわけ思い出深い鳥たちとの出合いのいくつかを紹介したい。第1章は身近なできごとを扱い、第2章では日本と海外の各地での経験について述べる。出合いのいくつかは、その後、本格的な研究へと進展した。研究へと進展したことがらについては、のちの章でくわしく述べることにする。いずれにせよ、最初の二つの章は全体の導入部でもあるので、どのことがらについてもさらっと記述するに留めたい。

スズメが人の手に乗った！

二〇一一年の六月はじめ、東京上野の不忍池を散策していた時のことだ。ベンチに座ってのんびり過ごしている七〇代の男性の手に、なんとスズメが乗っている（図1）。二羽、三羽と次々に乗る。まわりには予備軍が一〇羽ほどもいる。手に乗ったスズメは、手のひらからパンのかけらをつまみ、その場で食べたり、ほかに持ち去っている。

なんということか。私は目を疑った。日本のスズメは人には近づいてこないものだし、まして手のひらに乗るなどということはないはずだ。餌を与えている男性は、スズメが手に乗るのを温かいまなざしで見つめている。

私はいつも持ち歩いているカメラをとり出し、夢中でシャッターを切った。スズメまでの距離は一メートルほど。スズメは私をまったく気にしない。一〇枚ほど撮影して、気が少し落ち着いた。男性にお礼をいいながら、今度はスズメの行動をしっかりと見る。近寄ってくる程度は個体によってかなり違っている。手のひらに乗ってパンくずをくわえ、すばやく飛び去るものもいれば、いつまでも手のひらに乗っているものもいる。

勤務先の東京大学から近いこともあって、その後、私はこうした光景を見に何度も不忍池を訪れた。スズメに餌を与えている人は、池の異なる場所に何人かいたが、ある決まった場所では数人の人たちが毎日来ていた。この決まった場所では、スズメたちは人をまったくおそれず、次々に手に乗り、餌

図 1　人の手から餌を食べるスズメ。東京・上野。

を食べる。驚いたことに、餌を与えている男性が手づかみしても平気でいるスズメもいる。餌を与えている人の多くは、六〇代から七〇代の人だ。

公園では、スズメをふくめて、ハトやカラス、あるいはカモなどに餌を与えないよう呼びかけている。監視員が時間を決めて巡回もしている。スズメに餌を与える人たちは、そうした監視の目をかいくぐって餌を与えているようだ。が、道行く人たちは、手のひらに次々に乗って餌を食べるスズメたちを見て、皆驚き、歓声をあげながら写真などを撮っている。まるで、大道芸が展開されているような光景だ。

公園から離れると、スズメは相変わらず人には近寄ってこない。人との間にきっちりと距離を保ち、くらしているのだ。公園での光景が、夢の中のできごとのように感じられる。

窓を開けてはいけない、カラスが怒る！

東京大学時代、私の研究室のあった建物の近くには、毎年、ハシブトガラスが巣をつくった。場所は年によって少しずつ異なるが、ヒマラヤスギやリュウキュウマツなどの地上一〇〜二〇メートルほどのところに巣をつくる。産卵時期は四月下旬、ひなは五月になるとかえる。

二〇〇八年のことだった。研究室の三つ隣りの部屋のまん前、ヒマラヤスギの大木にカラスが巣をかけた。窓からは少し見下ろす感じになり、双眼鏡でも使えば巣の様子は手にとるようにわかる。巣には積み上げられた枝に混じって青や白、ピンクの針金ハンガーが多数見られる（図2）。近所の家から持ち去ってきたものと思われる。窓から巣までの距離は一〇メートルほどだ。私はこのカラス夫婦を「窓ガラス」と呼んだ。

五月一〇日になって、ひなが孵化した。ひなは赤裸で眼も開いていない。親鳥はひなを暖め、また食物をもってきて与える。ひなが孵化した頃から、親鳥の気性が荒くなった。窓を開けると、カア〜〜、カア〜〜と大きな声で鳴きたてる。閉めずにいると、窓ぎわまで勢いよく飛んできて、窓ガラスをくちばしでつついて威嚇する。人が窓越し一メートルほどのところにいるのに気にしない。というより、明らかに人の姿を認めて攻撃の姿勢をくずさない。

この年は五月から、中国遼寧省の遼寧大学の万　冬梅教授が、巣を眼下に見下ろすこの部屋を使っていた。東大に客員教授として来日していた万先生は、ヤマガラの研究者で、中国と日本のヤマガラ

図 2　研究室の窓辺近くにつくられた巣で抱卵するハシブトガラス。たくさんの針金ハンガーが巣材に使われている。

の系統関係や生態の違いなどに興味をもっている。鳥の研究者であるから、めったなことでは鳥が何をしても驚かないのだが、このカラスには度肝を抜かれたようだった。

だいたい、鳥が人に向かって飛んでくるなどということはまずないことだ。子育ての時期に、たしかにカラスは攻撃性が強くなり、人を襲うことはある。しかし、そんな場合でも、カラスは人の背後から飛んできて頭を軽く足で蹴っていく程度だ。カラスだって人間がこわいのだ。それが、窓を開けただけで大きな声をあげながら飛んできて、人をにらみつけたり（!?）、窓ガラスをたたいたりするのだ。そんな経験を万先生はもっていなかった。「日本のカラスはこわいですねぇ〜」といいながら、彼女は陽射しが照りつける暑い日でも窓を開けることができなかった。

カラスのひなは、孵化したのちぐんぐん成長し、やがて親鳥と大差ない姿になっていった。私は時折、部屋の空気を入れ替えたりするために窓を開けたが、そのたびに親鳥は怒って窓辺に飛んできた。カラスの親鳥は、おそらく必死で子育てに励んでいたのだ。窓を不用意に（！）開け、姿をさらす人間、外敵を、黙って見ているわけにはいかなかったのだろう。

八月の中旬になって、子育てを終えたカラスが近くの研究棟の屋上にとまっていた。この頃には、窓を開け、部屋で机に座っていながらそんな光景を目にすることができた。夏の強い陽射しを浴びて、カラスがはあはあとあえいでいる様子もうかがえた。何しろかれらは、夏の盛りでも黒い服を脱ぎ捨てることができないのだ。

平和な関係が戻ってきた、と思われた。が、そのままでは終わらなかった。八月下旬の六時過ぎ、帰宅しようと研究室のある建物を出た折、この窓ガラスと目が合った。カラスはまちがいなく私を、窓を開ける不届き者として認識している。一羽がとまるケヤキの下を通り過ぎようとした時、カラスがした糞が頭上から落ちてきて、少しうつむき加減になっていた私の首筋から背中にすう〜っと入った。もちろん、音もなく、である。私はびっくり仰天し、ぶふぇーっといった声をあげてしまった。

たまたま、そういうことになったのかもしれない。が、何度もいやがらせをするような行為をしてしまった私に、ひょっとすると窓ガラスが仕返し（！）をしたのかもしれない、と私は勘ぐっている。

都市の緑、初夏のにぎわい

東京大学の本郷キャンパスは、緑の多いところだ。ケヤキやクスノキ、イチョウやトチノキなどの大木が立ち並び、三四郎池のほとりには立派な森がある。仕事に疲れた時など、私はキャンパス内をよく散歩した。あるいは通勤時、わざと遠まわりして、キャンパス内をぐるっとめぐった。

五年前（二〇〇七年）の五月はじめ、連休中で学内が閑散としていた折、赤門から三四郎池を通って弥生方面へと歩いた。朝、九時頃のことだ。三四郎池のほとりにさしかかった時、オオルリのさえずりが耳に入ってきた。姿は見えないが、大きな木の上の方からすばらしい声が聞こえてくる。ピピーピーピーピックッ、ギチギチ。と、別の方向から、チヨチヨ、ビー。センダイムシクイの声だ。オオルリもセンダイムシクイも、何度も何度もさえずっている。

木々は新緑を過ぎ、緑の濃さを増している。緑の木陰から響きわたる小鳥たちの美しいさえずり。都市の中とは考えられないようなおもむき。オオルリもセンダイムシクイも、東南アジア方面からやってくる渡り鳥、夏鳥だ。さらに北上を続ける途中に、ここの森を利用しているのだろう。驚いたことに、二〇〇メートル四方ほどの範囲の中に、オオルリ、センダイムシクイともに複数羽がいる。メジロやヒヨドリの声も加わって、池のほとりは小鳥たちの声でにぎわっている。なんとも幸せな気分が訪れた。

この年、オオルリは、本郷キャンパス内のほかのいくつかの場所でも見聞きすることができた。弥生地区にある私の研究室の窓からは、一五〇メートルほど離れた地震研究所方面の木々でさえずる様子が見てとれた。時には、研究所の避雷針のような構造物のてっぺんでも鳴いているようだった。

三四郎池のほとりでは、同じ個体かどうかわからないが、四、五日、オオルリのさえずりが響いていた。とくに、広い通りの縁にあるトチノキなどの上で、大きな声でさかんにさえずっていた。姿はなかなか見えなかったが、すばらしく美しい声を十分にたんのうできた。不思議なことに、通りを行き交う人の数は多かったにもかかわらず、またさえずりはとても近くから聞こえてきたにもかかわらず、私以外、このさえずりに気づく人はいなかった。

その後も毎年、同じ時期にオオルリやセンダイムシクイは訪れている。が、この年のようなにぎわいは見られていない。あの年、三四郎池のほとりにたたずみながら、すばらしく美しい声で、またすばらしく大きな声でさえずるオオルリを身近に感じながら、なんとなく気恥ずかしい思いをしたことをおぼえている。道行く多くの人たちに、知り合いが歌を披露しているのに出合ったような思いだったのだろうか。道行く人たちはその歌に気づきもしないようだったが、不思議なひとときだった。

港にたたずむイソヒヨドリ

イソヒヨドリは孤高の鳥だ。通常、海岸の岩場を好み、雄はなわばり内のよく目立つ場所にとまって流麗な声でさえずる。海に向かって突き出た大きな岩の先などにとまってさえずる様子は、どことなく寂しげで、その孤高の世界に入り込むことができないような雰囲気を漂わせている。時折、とまりながら翼をはためかせ、お腹に続く翼の裏側のオレンジ色をきわだたせる。警戒心は強く、人が近づくと数十メートルの距離があっても飛び立ってしまうことが多い。

図 3　イソヒヨドリ。神奈川県横須賀市にて。

二〇〇六年一月下旬、神奈川県の横須賀港を散策していた折、一羽の雄のイソヒヨドリが橋げたのような構造物の下で、小声でさえずっているのに出合った。眼と鳥までの距離はほんの二、三メートル（図3）。眼と眼が合っても動じない。こんな近くでイソヒヨドリを見たことはない。やがて、陽の射す場所に現れ、やはり小声でさえずる。頭から胸や背中にかけての青、お腹のオレンジ色が輝いて美しい。

人がそばを通り過ぎるまで、そんな様子が一五分近くも続く。まわりに雌の姿は見られない。何をしているのだろう、こんな冬の時期に小声でだれに何を伝えようとしているのだろう、どうして人をおそれないのだろう。そんなことを考えながら、思いがけない至福の時間を過ごす。

その場所にはその後、何度も訪れている。しかし、その鳥、というかイソヒヨドリには一度も出合っていない。三浦半島や伊豆諸島の海岸でイソヒヨドリに出合うたびに、あの時の光景が思い出される。

第2章——日本と世界の片隅で

鳥との印象的な出合いは、身近なところから離れ、日本や世界の各地を訪れた時、より鮮明に、より頻繁に訪れる。遠隔地に出かける楽しみは、まだ見聞きしたことのない新たな鳥に出合うことだけでなく、見慣れた鳥をふくめて、鳥たちが時たま見せる意外なことがらと出合うことであるかもしれない。思い出は一生のものとなる。

コマドリが赤いボタンに跳びついた！

一羽の小鳥が近づいてくる。木漏れ日が鳥の上半身を照らし、ちょっとそらし気味にした胸が美しいオレンジ色に輝く。鳥との距離は約三メートル。森の中は静寂。鳥はさらに近づき、足もとまでやってくる。息を殺して見つめる。次の瞬間、上着の裾から垂れる紐の先の、赤くて丸い小さなボタンに跳びつく。二度、三度、そして四度、五度。跳びついてくちばしでつつくたびに、赤いボタンが大きく揺れる。また、跳び上がるたびに木漏れ日が鳥の体にあたって羽毛が輝く。

二〇年ほど前の冬のこと。伊豆諸島の三宅島、島の北側、こんもりと繁った森の中のできごとだった。赤いボタンに跳びついたのは、コマドリ。スズメ大の、小鳥としては足が長めの鳥だ。本州や北海道では、春に来て秋に渡去してしまう夏鳥だが、三宅島では一部が越冬する。冬のコマドリは人おじしない。一羽ずつに分かれて、おそらくなわばりをかまえている。

木漏れ日が射す森のコマドリは、小さな声を出しながら、次第に遠のいていった。その場に居合わせたのは、私をふくめて三人。皆あっけにとられていたが、コマドリが去ったあと、それぞれに驚きや感激を口にした。文字通り、予期せぬ鳥との「触れ合い」のひとときだった。

あの鳥が何をしようとしたのかは、いまだにわからない。それまでに三〇〇回以上、その後も一〇〇回ほど島を訪れているが、同じ経験をしたことはない。赤いボタンを、マンリョウか何かの赤い実とまちがえたのか？　それとも、垂れ下がる赤いボタンにただ関心があっただけなのか？　今でも、ひたむきで愛らしいあのコマドリの姿が目にやきついて離れない。

釣りをする少年を見つめるササゴイ

一九八五年の夏、熊本市の水前寺公園に隣接する江津湖。サギ類の一種、ササゴイの幼鳥が水辺にたたずんでいる。灰色のおしゃれな色合いの成鳥とは違って、全体に褐色で縦縞のある地味な色をしている。近づいても逃げようとしない。数メートル先をじっと見つめている。

図4　釣りをする少年の釣りざおの先を見つめるササゴイ幼鳥。熊本市水前寺公園にて。

見つめる先には、一人の少年が岸辺に腰かけながら釣り糸を垂れている。七月の強烈な陽射しが水面にあたり、銀色に跳ね返る。魚はなかなか釣れない。少年は何度か釣り糸を引き上げるが、先には何もついていない。

ササゴイの幼鳥は、少年が釣り糸を引き上げるたびに、その先を目で追う（図4）。明らかに、少年が釣りをする様子を見ている。いや見ているというよりも、見つめている、あるいは凝視しているといってよい。人は鳥を見て楽しむが、鳥も人の行動をしっかりと見ることがあるのだ。

江津湖や水前寺公園では、ササゴイがいろいろな餌を使って「釣り」をする。木の葉や小枝などの疑似餌、ハエや水生昆虫などの生き餌、はたまた羽毛などのフライを水面に投げて魚を引きつけ、近づいてきた魚をすばやくくわえとるのだ。疑似餌やフライは何度も回収して使う。釣りをする場所、お気に入りのポイントは、かなりはっきり決まっている。まるで釣り人のようだ。

この投げ餌漁が見られる地域は、日本でも海外でも非常に限られている。主に公園など、人が魚に餌を与えているところだ。そんなことから、ひとつの可能性として、ササゴイは人が投げた餌に魚が寄ってくるのを見て、自分でも餌を投げ始めるようになったのではないかと考えられる。しかし、ササゴイのような鳥が、人のやっていることをながめて新たな行動を起こす、などということがあるのか。ササゴイは一体、どのようにして投げ餌漁を獲得したのだろうか。

江津湖のほとりを歩きながら、私はまさにそんなことを考えていた。その私の目の前に、釣りをしている少年の様子をじっと見つめるササゴイの幼鳥が現れたのである。なんという偶然、なんという幸運！　夢中でカメラのシャッターを切る。一回、二回、三回、たしかな手ごたえを感じる。が、少年の方はさっぱり漁果があがらない。ササゴイは少年が引き上げる釣りざおの先を何度か目で追っていたが、しばらくして立ち去ってしまった。

ササゴイはたしかに、人の行動をじっくりとながめていた。投げ餌漁はそうした観察を通して身につけたものであるのかもしれない。とはいえ、もちろん、このササゴイがすぐに自分でも釣りを始めたわけではないだろう。

その後、注意して見ているのだが、残念ながら、ササゴイが釣り人をながめる光景には出合っていない。

アビとツグミの声に包まれて

一九八七年の夏、米国ミシガン州の湖岸の森。留学中に世話になっていたペイン教授夫妻とともに五日間ほどの鳥見旅行に出かけた。特別な目的はなかったが、三人の中にはシロスジヒメドリの巣を見つけようという気持ちがあった。このホオジロ類の一種は、小さくて褐色の地味な鳥だが、分布が五大湖を中心とした北米中北部に限られており、まだだれも巣を見つけていなかった。

そんなある日のこと。一人で湖岸を歩いている間に道に迷ってしまった。シロスジヒメドリの巣を見つけようとしていたわけではなかった。大きな森の中で、いろいろな鳥を見聞きしながら散策している時だった。森の中を道しるべに沿って歩いていたのだが、途中で道しるべが消えてしまった。心配はないだろうと先に進んでいったのだが、帰る段になって戻るべき道を完全に失った。

すでに午後の遅い時間。教授夫妻が心配しているだろうと思うと、余計に気持ちが焦る。ともかく湖岸沿いに歩く。しかし、いつまで経っても道には出ない。霧に包まれた湖の奥からは、ハシグロアビのウルルルーン、ウルルルーンという哀愁に満ちた声が聞こえる。海外の映画の中で効果音として時折使われるあの声だ。森の中では、あちこちでモリツグミやチャイロコツグミがさえずっている。とても美しいコーラスなのだが、それがアビの声と重なって物悲しくも聞こえる。「ああ、この鳥たちの声に包まれながら一生を終えるのか」などと思いながら、ともかく先へと進む。

三〇～四〇分ほどさまよったあと、どうにか道に突きあたり、教授夫妻が待つ場所にたどり着くことができた。教授夫妻はそれほど心配した様子でもなかったので、迷ったことは伝えなかった。森の外はまだ明るかった。アビやツグミの声が遠くから聞こえてきた。今度は、心なしか楽しげに聞こえる。ハシグロアビやモリツグミの声は、北米の鳥の声の中でもひときわ美しいものだが、聞く側の気持ち、置かれている状況によって聞こえ方がとても異なるようだった。

結局、シロスジヒメドリの巣は見つからなかった。それでもこの旅は、忘れられない夏のひとときとなった。

あの森と湖を訪れる機会は、もうやってこないかもしれない。

トカラの森で

二年間のアメリカ留学から帰ってまもない一九八八年五月、鹿児島県の屋久島や種子島と奄美大島の間に連なるトカラ列島、中之島に出かけた。森林総合研究所の川路則友さんと一緒だった。目的はアカヒゲをはじめとした島の鳥の生態調査。中之島は最高点の標高九〇〇メートル、島全体が豊かな森におおわれている（図5）。

アカヒゲは島のいたるところにいた（図6）。人家の裏庭から山奥まで、どこでもさえずりが聞かれる。本土のコマドリに似た声だが、より複雑な節まわしで、いろいろなバリエーションをもっている。声量も豊かで、しかも一日中よくさえずり、まさに自己が奏でる音の世界を楽しんでいるかのようだ。

図 5　トカラ列島中之島の森林。アカヒゲなどの声があちこちから聞こえる。

図 6　アカヒゲ。撮影：関 伸一。

島に着いてまもない頃、山の森の中に入ると、チュリチュリチュリ、チヨチヨチヨという鳥の声が聞こえる。まさか、と思ったが、イイジマムシクイの声だった。イイジマムシクイというのは、スズメの半分くらいの大きさの小鳥で、木の葉のような薄緑色をしている。三、四月頃、東南アジア方面から渡ってくる夏鳥で、伊豆諸島だけで繁殖する。伊豆諸島の鳥を長年研究しているのでなじみ深い鳥ではあるが、トカラ列島にいるなど想像もしていなかった。

季節は五月の初夏。渡りの時期は過ぎている。しかも、森のあちこちからさえずりが聞こえる。渡りの途中の様子とはとても思えない。双眼鏡で姿を見ると、やはりイイジマムシクイに見える。ムシクイ類はどの種もよく似ているので正確にはわからないが、伊豆諸島で見るなじみの鳥にまちがいない。少し進むと、今度はキョロローキョロロージッという声。また、まさかと思う。アカコッコの声だ。大型ツグミの一種のこの鳥も、伊豆諸島でしか繁殖しない。かつては屋久島でも繁殖していたが、今はいない。ともかくトカラ列島にいる、おそらく繁殖しているなどということは初耳だ。双眼鏡で見てみると、やはりまちがいない。頭から胸にかけて黒く、お腹が赤褐色をしている。

島の山道を歩いていて、森やそこを通る道の様子が伊豆諸島の三宅島などによく似ているなと感じていた。しかし、両者は一〇〇〇キロも離れており、その間にイイジマムシクイやアカコッコが繁殖している地域は存在しない。新しい発見に心が躍る。同行の川路さんも興奮気味だ。

二、三日かけて島の中を広く歩いてみる。イイジマムシクイもアカコッコも決して多くはないが、あちらこちらで見聞きできる。繁殖しているのはまちがいなさそうだ。伊豆諸島と違っているのは、コマドリに代わってアカヒゲのさえずりが聞こえること。また、伊豆諸島では繁殖しないアカショウビン、サンショウクイ、サンコウチョウなどがいることだ。本土の多くの地域ではこの三種とも希少種で、鳥を楽しむ人たちのあこがれの対象となっている。それがここではあちこちで見聞きできる。アカヒゲにイイジマムシクイやアカコッコ、それにアカショウビン、サンショウクイ、サンコウチョウなどが加わって、トカラの森はとてもぜいたくな顔ぶれの鳥の楽園だ。

夕刻、海岸付近の温泉につかったのち、神社の森を抜けて宿に戻る。暗い森の中におびただしい数の小さな光がゆらめく。キイロスジボタル、という名のホタルだ。暗闇の中でホタルの光に包まれる。あたりは静寂。昼間の鳥たちのにぎわいとは違った、静かな自然とのふれあいを楽しんだ。

はじめての野生キンケイとの出合い

中学二年の夏、その鳥と出合った時の感動を、私は今でも鮮明におぼえている。横浜の自宅から歩いて一五分ほどのところに、丸 恒円さんのお宅があり、そこには世界中のキジ類が飼育されていた。はじめて丸さんのお宅を訪れ、次々に現れる珍しいキジ類に目をうばわれていた時のことだ。起伏に富んだ場所の一角にさしかかった時、一羽の尾の長い鳥がすばやい動きで近づいてきた。胸からお腹にかけては目のさめるような赤、翼は青、背中は緑色のうろこ模様、腰は黄色、えりには黄色と黒の横縞模様の大きな飾り羽、頭には金色の大きな冠をつけている。金網越しに私の方を見ながら、体全体を斜めに傾け、冠を立て、えりの飾り羽を眼のまわりで大きく拡げる。私はその美しさ、またそれをきわだたせる奇妙な行動に圧倒された。世の中にこんなに美しい生きものがいるものか、と思った。それがキンケイとのはじめての出合いだった。

　そのとき以来、私はキンケイのとりこになった。かれらの美しさと興味深い行動は、見ていて飽きることがなかった。何度も何度も丸さんのお宅におじゃまして、かれらの姿をながめていた。高い金属音にも似た声を聞くたびに、その存在が私の心の中にしみ込んだ。

　中学生の子どもには、高価なおとなの成鳥を手に入れることはできなかった。が、丸さんから卵をゆずってもらい、チャボや自作の孵卵器でひなをかえすことができた。このひながまた、すばらしくかわいい生きものだった。丸くて大きめの眼、ふさふさした茶色の綿羽、子どものくせにしっかりした足、その足でちょこちょこと歩きまわる。自分でこれらのひなを孵化させた喜びも手伝って、毎日が夢のようだった。

　しかも、これらのひなは生後二年目に、茶色の地味な色の鳥から目のさめるような美しい色の鳥に変身した。美しく変身したのは雄だったが、褐色の地味なままの雌に対して、その美しさをきわだたせる求愛行動を惜しげもなく披露してくれた。これらのキンケイは多くの子も残した。次々に生まれる新しい生命に、生きものとともにくらす喜びを私はかみしめていた。

　しかし、大学生になってから、住んでいた寮の敷地で飼育していた鳥が野犬に襲われて死んでしまう事件を経験した。とても痛ましい事件で、これを境に私は鳥の飼育から離れ、野生の鳥の観察へと方向転換した。警戒心の強いキジ類は観察対象にはならず、キジ類とのつき合いも消滅した。

時が流れ、四二歳の年に中国雲南省を訪れる機会があった。山林を歩いていると、けたたましい鳥の声がした。忘れもしないキンケイの声だった。そこはキンケイのふるさとだった。幼い頃の思い出が一気に噴き出し、また今、その頃の思いがかなって鳥の研究者になっていることのうれしさが重なって、感慨深い時が流れた。

この森の中で、あのキンケイの雄たちは体を大きく傾け、えりを拡げ、金色の冠を立てて雌の前で求愛しているのだろう。卵からかえったひなたちは、くりくりした眼を輝やかせながら、落ち葉を踏みしめ、ちょっとたよりない足どりで親のあとをついていっているのだろう。通常では見る機会の少ない姿や行動をまのあたりにしていた少年時代の経験が、よみがえってくる瞬間だった。

湿原に映えるあでやかな姿

二〇〇〇年九月、ロシアのアムール地方。ヘリコプターで湿原の上空を飛ぶ。夏の盛りには青と緑がみずみずしい景色をつくり出していた湿原が、今は黄味を増し、秋の気配を漂わせている（図7）。そんな中を、白い大きな鳥たちが飛んでいる。首と足が長く、翼の内側が黒い。双眼鏡でよく見ると、頭の上が赤い。ツルの一種、タンチョウだ。繁殖を終えた鳥たちが、渡りを開始するまでの間、この地で群れになって過ごしている。群れは湿原のあちこちで見られる。一部の鳥は、すでに小規模の移動を始めているようだ。

少し移動した先に、今度は全体に灰色をした鳥の群れが見られる。大きさはタンチョウよりちょっ

図 7　ロシア・アムール地方の湿原。

と小振り。頭の上がやはり赤い。白いうなじがよく目立つ。マナヅルだ。黄色がいろいろな濃さに染まる湿原の中で、景色にすばらしいアクセントをつけている。三羽あるいは四羽の家族も見られる。飛び立って雲の彼方へと消えていく鳥もいる。やはり、秋の渡りに向けての移動が始まっているようだ。

眼下の草原に、白い穂をつけたススキのような植物の群落が見える。おだやかな風に穂がゆらめいている。湖沼の水の色は相変わらず青いままだが、湖沼ごとに色が微妙に違う。まわりの景色に影響されてか、夏の生き生きとしたたたずまいはすでに感じられない。

送信機と人工衛星を利用したこれまでの研究により、この地で繁殖するタンチョウやマナヅルは、朝鮮半島の非武装地帯や、中国の東南部まで渡ることがわかっている。途中、北朝鮮東岸の金野や中国の黄河河口などに立ち寄る。渡る経路は、緯度と経度の情報にもとづいて、コンピュータ上に描き出される。味気ない経路図の奥に、

図 8　伊豆諸島三宅島、太路池の景観。

夏から秋、秋から冬に向かう湿原の様子や、飛びゆくツルたちの姿が思い描かれる。

ヘリコプターから見るツルたちの飛翔は、じつに優雅だ。翼をふわりふわりとはためかせ、湿原や川を渡り、森を越えていく。やがて季節がめぐり、秋が深まると、鳥たちは南に向けて数百キロ、数千キロもの旅に出る。行く先々で鳥たちは何に出合い、どんな経験をするのだろうか。鳥たちの長い旅が、どこまでも安全であることを願う。

ヤマガラの足のぬくもり

再び、伊豆諸島の三宅島。ある年の一月、小春日和の太路池、島の南部にある美しい火口湖（図8）。一羽のヤマガラが、木の上から桟橋の縁に降り立つ。近くで釣りをしている人の釣りざおの先にとまり、頭を少しかしげたのち、釣りざおの上を人の方に向かってちょんちょんと移動する。釣り人の手前一メ

図 9　人の手から餌をとって食べるヤマガラ。伊豆諸島三宅島。

ートルほどのところで、いったん止まる。どうするのかと見ていると、パッと飛び立ち、人の頭の上に飛び乗った。釣り人はさすがに驚き、身をかがめてしまったので、ヤマガラも驚いて飛び去ってしまった。

静寂の中でのひととき。この光景を見ていたのは私だけ。思わず微笑みたくなるヤマガラのかわいらしい仕草だった。

別の年の一二月。島の北側の神着集落。ある家の縁側や庭先に置かれた餌台から、ヤマガラがヒマワリ、エゴノキ、スダジイなどの実を次々にもっていく。何羽のヤマガラが来ているのかはわからないが、五、六羽はいるようだ。近くの枝にとまり、実を足指に挟んで食べる鳥。斜面の木の根元に実を埋め込んで隠す鳥。どこか遠くに運んでいく鳥などがいる。

家の中にも平気で入ってきて、ピョンピョン跳びまわる鳥もいる。人をほとんどおそれない。手のひらに実を乗せて差し出すと、そこにとまって実をくわえとっていく。ヤマガラが手のひらにとまった時の、ふんわりとした重さと足の温かさがたまらない。やはり、入れ替わり立ち替わりやってくる。目が合うと、ちょっとたじろぐ様子を見せる。それがまた愛らしい。

三宅島は二〇〇〇年の夏に噴火した。数千年に一度といわれる大規模な噴火の影響で、円錐状の島の上部三分の一ほどの森林は消滅した。それにともなって、鳥たちの生活もきびしいものとなり、ヤマガラの多くは一時、島の森の中から姿を消した。が、今また戻ってきており、太路池のほとりでも、島の北側の集落でも、元気に飛びまわっている。スダジイやエゴノキの実がなる季節には、いつもと変わらずそれらをせっせと貯えている。そして、島の何か所かでは、人が差し出す実をくわえて持ち去るヤマガラが見られる（図9）。野生の鳥に餌を与えるのは決してよいことではないのだが、その愛らしい姿は島の多くの人を魅了している。

第2部　鳥のくらしと人のくらし

第3章――人慣れスズメ、急増中――出現の記録とその背景

スズメは身近な鳥だ。市街地の住宅や公園など、人のいるところには必ずといってよいほどいる。カラスと並んで人とのつながりがもっとも深い鳥である。しかし、日本のスズメは、人のそばにくらしてはいるが、警戒心はかなり強い。人との間にきっちりとした距離を常に保ち、くらしているのだ。

一方、ヨーロッパでは、古くから公園などでイエスズメが人の手から餌をとって食べることが知られている。大陸には、スズメもイエスズメもいるが、市街地など人の多い地域にくらしているのはイエスズメの方だ。市街地にすむスズメであっても、日本とヨーロッパでは人に対する警戒心が大きく異なるということだ。

日本でスズメの警戒心が強いのは、スズメがイネを荒らす「害鳥」として長い期間にわたって嫌われ、駆除の対象となってきたことと関係しているようだ。こうしたスズメと人との接し方の違いから、ヨーロッパは鳥類保護の先進地、日本は後進地とみなされてきたところがある。しかし、近年、日本

でもスズメが人の近くに寄ってきて、手から餌を食べるような現象が目立ってきた。第1章で紹介した東京の上野の例がその代表だ。

このような人慣れしたスズメは、いつ頃から現れ、現在、どのくらいの範囲にまで拡がっているのだろうか。また、出現にはどのような背景なり理由があるのだろうか。私たちの研究室では、文献、インターネット情報、私信、独自の観察記録などにもとづいて情報を発掘、整理し、人慣れしたスズメの出現の時期や背景などについて調べてきた。インターネットなどで簡単な情報しか示されていない場合には、関係者に問い合わせ、くわしい情報を入手した。その結果、興味深いことがらがいろいろ明らかになってきた。以下、人をおそれずに足もとや差し出す手まで寄ってくるようなスズメを人慣れスズメ、さらに人の手に乗って餌をついばむようなスズメを手乗りスズメと呼び、調査の概要を紹介しよう。

記録をたどってみると

これまでに収集した情報を整理すると、人慣れスズメや手乗りスズメの最初の記録は、一九八七年、横浜市中区の横浜公園から得られる（図10）。ここではこの時期に、すでに手乗りスズメが少なからず出現している。当時の状況は高井和子さんの著書『スズメが手に乗った！』（あかね書房、一九九四年）にくわしく記述されている。この記録は日本ではとびぬけて早いもので、ほかの地域で人慣れスズメや手乗りスズメが出現するのは、二〇〇五年頃になってからである。

図 10　コーヒーショップの屋外のテーブルにやってきたスズメ。横浜市横浜公園付近にて。横浜公園は手乗りスズメがはじめて現れた場所だ。

主な記録を追っていってみると、二〇〇五年頃から、東京都渋谷区の明治神宮や台東区上野の不忍池周辺に人慣れスズメが出現する。ただし、この時期には手乗りスズメは出現していない。二〇〇七年になると、四月に和歌山県南紀白浜アドベンチャーワールド、五月に大阪市鶴見緑地公園、七月に東京の港区台場や千代田区北の丸公園に手乗りスズメが出現する。東京のお台場で人の手から餌を食べるスズメが現れたという知らせは、当時、東京とその周辺に住む鳥関係者の間で話題になり、私も仲間を誘って出かけていった。しかし、残念ながら、私たちは見ることはできなかった。二〇〇八年四月には、東京都中央区日本橋のデパートの屋上で人慣れスズメが観察されている。

二〇〇九年には、五月、東京都港区外苑前

の喫茶店、六月、兵庫県神戸市ポートアイランド中央公園、九月、千葉県習志野市谷津干潟周辺、九月、東京都北区王子駅前公園で手乗りスズメの記録が加わる。さらに二〇一〇年には、一月、大阪市大阪城公園、三月、横浜市横浜公園付近、四月、東京都台東区上野不忍池周辺、六月、横浜市山下公園、七月、福岡市大濠公園、九月、千葉県浦安市ディズニーランドで手乗りスズメが観察されている。二〇一一年になると、手乗りスズメの記録が大幅に増えてくるが、大部分はすでに述べた場所であり、新たな場所としては、東京都中野区の家のベランダ、福岡県飯塚市の家のベランダなどが加わる。

これらの記録は系統的に収集されたものではない。また、記録の増加は、インターネットの普及が急速に進んできていることと関係しているだろう。したがって、細かい解析には向いていないが、それでも、人慣れスズメや手乗りスズメが二〇〇五年を過ぎてから急速に増えていった様子は見てとれる。給餌の開始から人慣れスズメの出現、手乗りスズメの出現へとどのように進展していったのかはよくわからない。が、場所や条件によってかなり違うようで、給餌開始後数か月で手乗りスズメが現れた例もあれば、東京上野のように、人慣れスズメの出現から手乗りスズメの出現まで五年ほど経過しているところもある。

手乗りスズメなどは、給餌がなされている限り、その場所で継続して見られている。東京上野の不忍池周辺、大阪市の大阪城公園などがその代表である。一方、餌づけが自粛されたり禁止されたりした場所では、見られなくなっている。横浜市の横浜公園などがその例だ（ただし、この近隣地域では今でも見られている）。

どんな場所で見られるか

前記の記録からわかるように、人慣れスズメや手乗りスズメが見られる場所は、大部分が公園かそれに類した場所である。それ以外では、コーヒーショップ二件、自宅二件という例がある。記録の現れ方を見てみると、ある地域から近隣の地域へと次第に拡がるというよりも、いろいろな地域で独立して出現している傾向がある。よく観察されている場所では、人への警戒が個体によって異なり、特定個体だけが手に乗るような状況が認められている。しかし、東京上野の不忍池周辺や大阪市の大阪城公園などでは、多数の個体が入れ替わり立ち替わり手のひらに乗り、先を競うようにして餌を食べる光景が見られる。ただし、このような場合でも、すぐにその場を離れてしまう個体から、いつまでも手のひらに乗ったままで手づかみさえできてしまう個体までいる。手づかみされても平気でいる個体は、その年生まれの若い鳥が多いようだ。

公園などでスズメに餌を与えている人の多くは、その場所で過ごすことの多い熟年層以上の人たちである。これらの人たちは、退職した人に代表されるように、時間と気持ちに余裕がある（図11）。団塊の世代の退職などにともなって、近年、そうした人の数は増えている。東京の上野公園のような大きな公園に行くと、ベンチに腰をおろしてぼんやりしている人もいれば、読書をしている人もいる。また、仲間で将棋をしたり、歓談している人もいる。

図 11　公園でくつろぐ人たち。将棋などをしている。東京・上野。

どう拡がったのか

おそらく、そうした人たちが公園などでゆったりと時間を過ごす中で、周囲にいるスズメに餌を与えるようなことが習慣となり、人慣れスズメや手乗りスズメが各地に出現するようになったのではないかと思われる。スズメに餌を与えている人の多くは、それを日課のようにしているようだ。二〇〇五年頃から各地でほぼ同時に見られるようになったというのが興味深いが、これは、団塊の世代の退職にともなって、この頃から公園などで時間を過ごす人の数が増えてきたことと関係しているのだろうか。いずれにしても、追われる存在から愛着をもって接せられる存在へと変化する中で、スズメの警戒心は和らいでいったものと思われる。

野生の生きものに餌を与えるのは、決して好ましいことではない。人に依存しすぎた生活になってしまうからであり、一か所に鳥を集中させてしまうからでもある。集中した鳥は感染症にかかりやすいし、人への影響も心配される。上野の不忍池周辺などでは、ハトやカモなどに餌を与えることをつつしむよう、呼びかけている。しかし、スズメがちょんちょん寄ってきて人の手から餌を食べていくような光景は、正直なところとても微笑ましい。餌を与えている人も、まわりの人たちも、温かいまなざしでスズメの動きを見つめている。

人の都合によって餌を与えられたり与えられなかったりするのは、結局、スズメにとってめいわくな話ではあるが、こうした人慣れスズメなどの存在は、人の世相をあらわす鏡のようなものでもある。今後も、そのなりゆきに注目していきたい。

第4章——鳥たちの貯食

人間世界では、食物の貯蔵はあたりまえに行なわれている。とくに冷蔵庫の発達とともに、いろいろなものが保存され、あとになって利用される。干物、塩漬け、燻製、酢漬け、缶詰にして保存する方法もある。冷蔵庫のなかった時代、新潟などの雪国では、地面に大きな穴を掘り、雪を山積みにして雪室をつくり、その中で食料を保存した。雪の表面はわらやむしろでおおった。いずれにしても、いろいろな工夫がなされ、今日に至っている。

鳥の世界でも、カラス類やシジュウカラ類などの中に、食物を一時隠しておき、あとになってからとり出して食べるものがいる。モズ類では、小枝やとげなどに食物を突き刺し、あとで食べるものもいる。こうした食物貯蔵とでもいえる習性を貯食と呼んでいる。冷やしたり腐敗を防ぐ物質を使ったりすることはないが、興味深い行動だ。また、カラス類の場合には、人間生活との間に起こす軋轢の多くの背景に貯食行動が関係している。

ここでは、カラス類とシジュウカラ類の貯食習性を中心に概要を紹介したい。とりあげる項目は、どんな鳥がいつ、何を貯えるのか、種によって違うのか、どのように貯えるのか、いつとり出して食べるのか、鳥の貯食は植物にとっても得なのか、の六つである。対象とするのは日本の鳥に限っておく。

だれが、いつ、何を貯えるのか

カラス類の中では、ハシブトガラスやハシボソガラス、カケスやホシガラスなどが貯食する鳥としてよく知られている。ハシブトガラスやハシボソガラスは、時期を問わず、というか時期に合わせていろいろなものを貯える。

都市にすむハシブトガラスは、一年を通じて生ごみの入ったごみ袋から肉片、焼きそば、卵焼きなどさまざまなものをとり出し、建物の隙間や植木鉢の下、看板の裏側などに隠す。変わったところでは、屋外の洗面所から石鹸を持ち出すカラスや（Higuchi *et al.* 2003）、神社の境内からロウソクを持ち出すカラスがおり（Higuchi 2003）、それらを林床やわらぶき屋根の隙間などに隠す。ロウソクに火が残っていると、火事を起こすこともある。この行動については、第5章で少しくわしく述べることにする。ハシボソガラスの中には、人の与えるパンくずや養豚場のおからや豆腐を線路に持ち去り、敷石の間に貯えるものもいる。これは線路への置き石事件（図12）につながる（樋口・森下 2000）。

野山にすむハシブトガラスやハシボソガラスは、オニグルミやマテバシイをはじめとしたいろいろ

図 12　線路で石をくわえるハシブトガラス。横浜市栄区にて。撮影：飯島芳明。

図 13　エゴノキの実を木の根元に隠すヤマガラ。伊豆諸島三宅島。撮影：津村 一。

な木の実を、それぞれの季節に林床などに貯える。カケスはコナラやアカガシ、ミズナラなどのドングリを、高山にすむホシガラスはハイマツの種子を夏の終わりから秋にかけて貯える。この時期、ほお袋にいっぱい種子を詰め込み、重そうに飛んでいくカケスやホシガラスを見ることがある。

シジュウカラ類の貯蔵行動も、主に秋冬季に見られる。ヒガラはアカマツやカラマツなどの針葉樹の種子を幹、枝、針葉などのいろいろなところに隠す。コガラは高木、低木、草本などのさまざまな種子を主に樹木の幹に貯える（中村 1988）。ヤマガラはエゴノキ、スダジイ、ブナ、イチイなど、硬い木の実を地上や樹上に貯える（樋口 1975）。伊豆諸島の三宅島で私が調べたヤマガラの例では、八月から翌年の二月頃まで木の実を貯える（図13）。うまく割ることのできなかった木の実や、一部分だけ食べた木の実を隠しなおす行動は、四、五月になっても見られる。

三宅島のヤマガラの場合、貯える行動は八月から二月までの貯蔵期間を通じて、同じ頻度で見られるわけではない。もっともさかんに貯えるのは、一〇月と一一月だ。貯えるものは、スダジイ、エゴノキ、ツバキなどの実で、貯蔵期間全体としては、スダジイの実を圧倒的に多く貯える。ただし、何をもっとも多く貯えるかは、どの時期に何がもっとも得やすいかということとも関連しており、エゴノキの実がたくさんある八、九月には、この実の方を多く貯える（図14）。

カラス類もシジュウカラ類も、お目あての食物がたくさんある時期、場合に貯蔵行動が誘発されることが多いようだ。

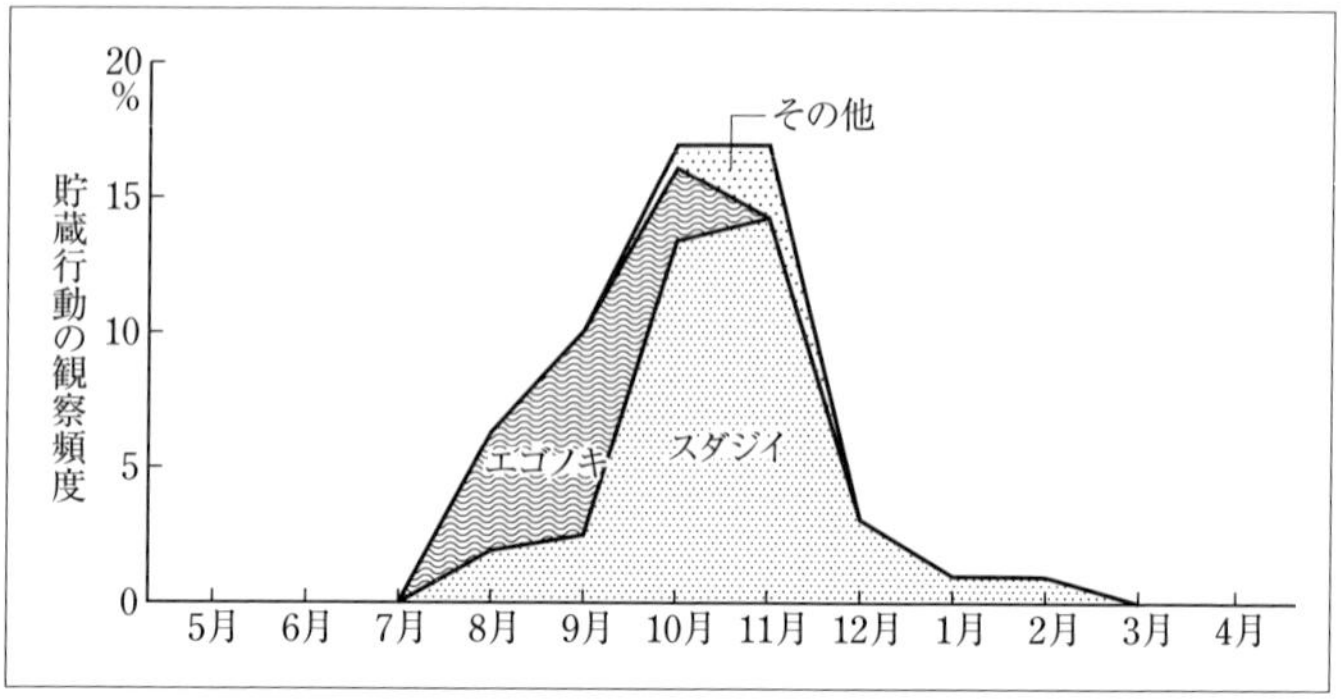

図 14　ヤマガラの貯蔵行動の観察頻度。縦軸は各月の貯蔵行動の観察回数を、その月のヤマガラの観察回数で割った値の百分率。木の実の種類ごとの頻度を示してある。樋口（1996）。

種による違い

食物を貯える行動は、生まれつきもっている行動と考えられる。それは、まず種による違いとして見ることができる。たとえばシジュウカラ類では、ヤマガラ、ヒガラ、コガラではふつうに見られるが、シジュウカラでは見られない。シジュウカラは、ほかの鳥が種子を貯えているのを見るようなことがあっても、自分では絶対に試みない。もっとも自分では試みないが、ほかの鳥が貯えたものを盗みとることはする。ほかの状況でもいえることだが、シジュウカラは「観察眼」の鋭い鳥である。

また、飼育して調べてみると、貯蔵する行動は、親鳥をふくめてほかの鳥から隔離しておいても現れる。生まれつきもっている、あるいはもう少し正確にいえば、遺伝的にあらかじめプログラムされている行動といえる。ヤマガラで調べたことだが、一羽一羽別々に飼育していても、生まれて数か月するとどの鳥も餌の種子などを箱の隅などに詰め始めるのだ。ただし、こうした幼鳥は、新聞紙の切れはしなどで隠そうとしたり、種子を目につくところに挟んだりするようなこともある。したがって、何をどこに貯えるのか、いつ、どうやってとり出して食べるのかなどは、生まれてからあとの経験を通じて身につけていくのだと思われる。

黒いカラス類では、ハシブトガラス、ハシボソガラスともに貯食するが、ハシブトはハシボソの隠したものをのちに盗みとることもする。ハシブトガラスはシジュウカラ同様、ほかの鳥のやっていることをしっかり見る性質をもっている。

どのように貯えるのか

貯える時の行動は、カラス類もシジュウカラ類もよく似ている。三宅島のヤマガラを例にしていうと、だいたい次のようなものだ。

スダジイやエゴノキなどの鋭端部と鈍端部がはっきりしている木の実では、鋭端部の方を前にしてくちばしにくわえる（図15）。次に、それを木の朽ちた部分、倒木、地表面、あるいは幹の割れ目や木の根元などに押し入れ、いったん離してから鈍端部をくちばしでたたいて埋め込む。さらに、朽ちた樹木や幹の割れ目などの場合には付近の木くずを、地表面や木の根元などの場合には土やコケを少しくわえて、埋め込み跡に詰め込む。

このようにして一か所にひとつの木の実を隠すと、またひとつくわえてきては隠すという繰り返しを行なうわけだが、この場合、まったく同じ場所に二個以上の木の実が隠されることはない。ふつう、

図 15　ヤマガラの貯蔵行動。木の実の鋭端部の方を前にしてくちばしにくわえ (1)、それを倒木や木の根元などに押し入れ (2), 鈍端部をくちばしでたたいて埋め込み (3)、土やコケをくわえて埋め込み跡に詰め込む (4)。樋口 (1996)。イラスト：佐野裕彦。

数十センチから数メートルは離れている。

いつとり出して食べるのか

三宅島のヤマガラでは、貯えられた木の実は、遅くとも一二月には利用されるようになる。そして、一月や二月の食物が不足する時期には、さかんにとり出して食べられる。実際、一月以降にこの島のヤマガラが主食にしているシイの実は、すべてそれ以前に貯えておいたものであると思われる。

というのは、樹上から落ちてしまったシイの実は、ヤマガラだけでなく、カラスバトやネズミやゾウムシなどにも多食され、また風雨によって腐ってしまうものも多いので、一月以降に地表に落ちているシイの実にはほとんど中身が入って

図 16　秋に貯えておいたスダジイの実の白い中身を巣内ひなにもってきたヤマガラ。伊豆諸島三宅島。

いないからだ。異なる年の一月末と二月はじめに、林床に落ちているシイの実を一〇〇〇個ずつ拾って調べてみたところ、中身の入っていたものは、二年分を合わせてもたったの二個しかなかった。一方、この時期に貯蔵されていたシイの実を三四個さがし出して調べてみたところ、すべて白い中身が詰まっていた。

貯えておいた実の中をとり出して食べる行動は、四、五月あるいは六月になっても見られる（Higuchi 1977）。そしてこれらの実の中身は、その時期、雄が求愛給餌のさいに雌に与える食物や、巣内ひなや巣立ちびなを育てる食物としても利用される（図16）。

カラス類では、石鹸を持ち去るハシブトガラスを対象に、石鹸の中に小さな発信機を挿入して貯食の詳細が調べられている（Higuchi *et al.* 2003）。千葉県松戸市でのこの事例では、石鹸は野外の洗面所から一五〇メートルほどの範囲にある林や人家の庭先に持ち去られ、落ち葉や植木の間に隠された。隠された石鹼は、数日後から何日おきかに次々に移動され、その間に少しずつかじられていった。この行動については、第5章で少しくわしく述べることにする。

木の実を一部だけ食べて隠しなおすのはヤマガラなどでも観察されているので、貯えたものを移動させる習性は、カラス類、シジュウカラ類に共通のものであるようだ。隠した場所をほかの鳥に知られないようにすることに、役立っているのではないかと思われる。

ハシボソガラスでは、貯えるものによってとり出して食べる時期が異なっていることがわかっている。長野市の善光寺で後藤二花さんがパン、ソーセージ、卵焼き、クルミなどいろいろなものを与えて調べた結果によると、ソーセージなど腐りやすいものは半数以上が隠したその日のうちに食べられ、残りもじきに食べられたが、クルミなどは一〇日以上、場合によっては二か月も保存されていた。腐りやすいものとそうでないものを区別し、腐りやすいものから順に食べているようだ。

貯食は植物にとっても得なのか

貯蔵されたものは、すべてが鳥たちにとり出され、食べられるわけではない。一部は忘れ去られ、放置される。その結果、種子の場合には発芽して成長することになる。ただし、放置されればそれだけで発芽するわけでは必ずしもない。木の実を扱う鳥の行動と隠し場所の特性などが、発芽の可否を決めることになる。鳥の種やすんでいる地域、状況によって多少あるいはかなり異なるが、いろいろなことが調べられているヤマガラを例にして実態を見てみよう。

エゴノキなどの実を食べるさい、ヤマガラは外側の柔らかい果皮をとり除いて中の種子をとり出す。食物になるのはこの部分だ。果皮を除くこの行動は、貯蔵され放置された種子の発芽を促進することに役立っていると考えられる。実験的にエゴノキの実の果皮を除去した種子と未除去の種子で発芽実験した結果では、発芽率は、除去した種子で三六パーセントであった一方、未除去種子ではわずか四パーセントだった（村上ほか 2006）。

ヤマガラが木の実を貯蔵する場所の多くは地上で、これは植物の発芽にとっては水分や栄養分を得るうえで好都合である。地上に貯えられる割合（貯蔵総数に対して地上に貯蔵された木の実の割合）は、イチイで六三パーセント（榊原 1989）、キタゴヨウで八三パーセント（林田 1989）、エゴノキで五〇パーセント（橋本ほか 2001）、スダジイでも五〇パーセントほど（樋口　未発表）だ。貯蔵される深さは大部分が二センチ以下で（藤田 1996）、ヤマガラが貯える木の実の発芽にやはり好都合である。

また、ヤマガラが木の実を貯蔵する場所は、土壌の硬さ、地形、光条件、湿性度などの点から、種子が乾きにくく、まだほかの植物があまり生えていない、新しくできた小崖上の急斜面が多いことがわかっている（藤田 1996, 榊原 1989）。この条件も、ヤマガラが貯える木の実の発芽にとって好都合なのである。

要するに、ヤマガラが貯食に関連して行なう一連の行動は、かかわる木の実の発芽をいろいろな面から促進しているといえる。

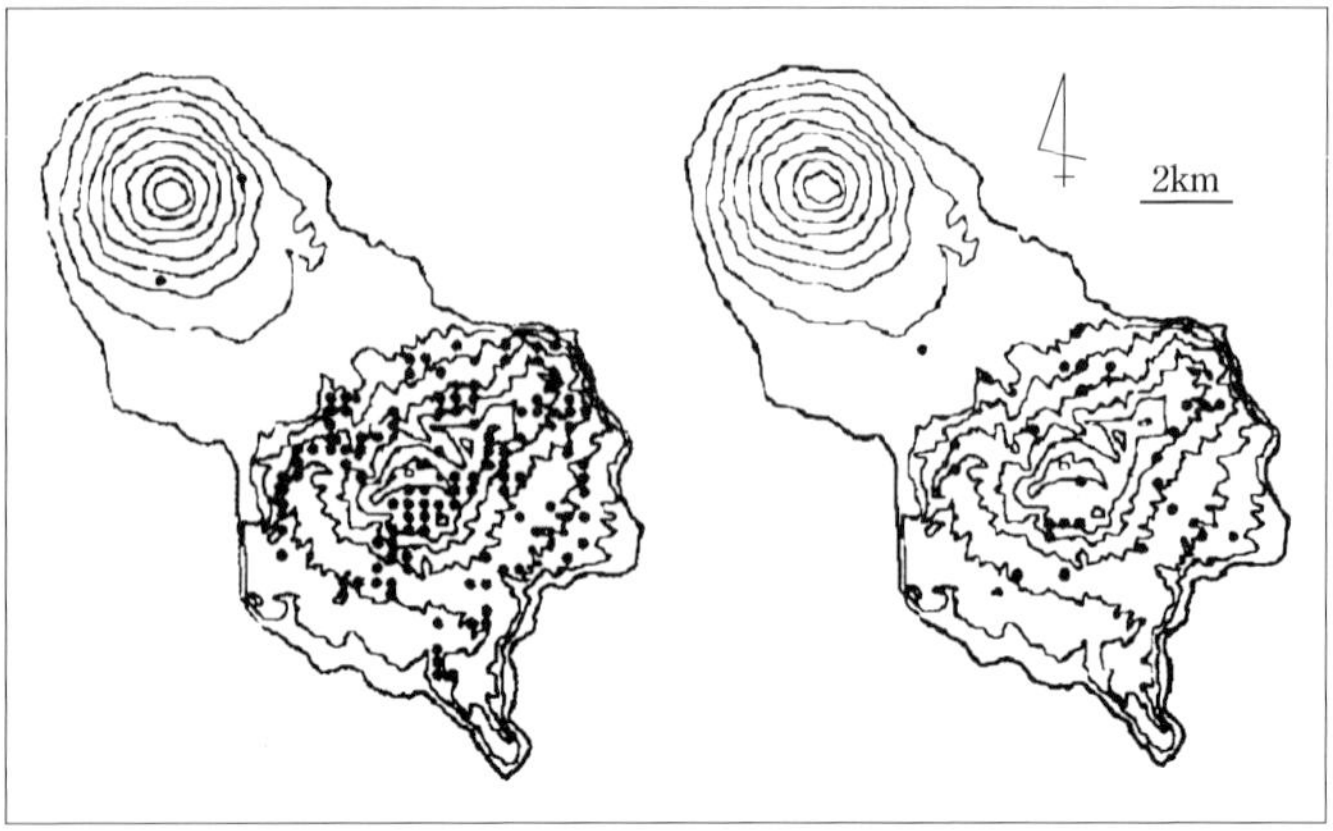

図 17　伊豆諸島八丈島におけるエゴノキ（左）とヤマガラ（右）の分布（図中の黒点）。橋本ほか（2000）。

対象となる樹木の生育に鳥の貯食が貢献していると見られる状況は、両者の分布からもうかがえる。伊豆諸島、八丈島のヤマガラとエゴノキの分布に好例を見ることができる。八丈島は東寄りの古い三原山系と、西寄りの新しい八丈富士山系に分けられる。このうち、ヤマガラがすんでいるのは三原山系であり、またエゴノキが見られるのも三原山系なのだ（図17）。ヤマガラのいない八丈富士山系では、エゴノキは拡がりようがないのだろう。

関連して、ヤマガラが木の実を貯蔵のために運ぶ距離は、通常、数百メートルの範囲内であると推定されている。調査対象となった特定地点からの距離を調べた例では、イチイの場合で最長二一〇メートル、約八〇パーセントは七〇メートル以内（榊原 1989）、実験的に使われたヒマワリの種子の場合には最長九四メートル、九〇パーセント近くが五〇メートル以内だった（藤田 1996）。あまり遠距離まで運ぶことはないようで、そうしたことが、八丈島でのエゴノキの分布にも影響しているのではないかと考えられる。

自然の中でくらす鳥たちが見せる貯食の行動は、人間世界のものと大きく違うとはいえ、なかなかにすぐれたものである。鳥たちは自然の中からいろいろな恵みを受け、同時に森をつくるようなことにも役立っている。そして、大きく生長したその森の中で生産されるものを、貯えた鳥の子孫が何十年かのちに食べて生きていく。生命（いのち）の営み、生命（いのち）のつながりというのは、じつに興味深く、またありがたいものである。

私たち人間も、そうした生命の営みやつながりの中で、やはりいろいろな恵みを受けながら生命をつないでいっている。

第5章——カラスと人の地域食文化

人はいろいろな地域、環境に住み、海の幸、山の幸をふくめていろいろなものをとって食べる。が、手あたりしだい何でも食べるわけでは決してない。その地域、その季節に得られる好みのものを採取して食べる。そこに地域の食文化が成立し、独自の採取法や調理法が発達している。日本人の食文化は、世界の中でもひときわすぐれたものといえる。豊かな自然に恵まれ、その中でさまざまな海の幸、山の幸を有効に利用してきた結果であると思われる。

地域の食文化は、人間社会に限ったことではない。カラスの世界にも興味深い食文化のあり方を見てとることができる。カラスも人間同様、北から南まで、都市から森林まで、いろいろな地域、環境にすみ、いろいろなものをとって食べる。やはり、手あたりしだい何でも食べるわけではなく、その地域、その季節に得られる好みのものをとって食べている。しかも、その食文化の多くは、人間社会とのかかわりの中で発達してきている傾向もあるのだ。

ここでは、カラスの多様な食生活をながめる中で、地域の食文化のあり方を見ていきたい。

カラスの多様な食生活

カラスは植物質のものから動物質のもの、生きたものから死んだものまで、また人が出す生ごみに至るまで、じつに幅広くいろいろなものを食べる。ハシブトガラスとハシボソガラスでは多少食べるものが違っており、ハシブトはハシボソに比べて、植物質のものでは木の実、動物質のものでは肉類、また人の出す生ごみにより強く依存する。

このように書いていくと、とりとめのない話になってしまう。以下には、いくつか注目すべきことがらに焦点をあてながら、カラスの食生活をながめてみることにする。

季節の果実を食べる

カラスは木の実が大好きだ。季節の移り変わりの中で、その折々のものをとって食べる。多くは柔らかい果肉の発達する液果で、一部、果皮が乾燥する乾果をふくむ。カラスはねぐら入りする前に、大量の糞をしたり、未消化物を吐き出したりする。糞や吐き出し物には、未消化の種子などがふくまれている。したがって、それらを調べていけば、季節の移り変わりの中で何をどのくらい食べているかを知ることができる。ここでは、伊豆諸島の新島で調べられたハシブトガラスの例を紹介しよう（長谷川 2010）。

各月に採取した糞・吐き出し物の総数に占める各種木の実をふくむ糞・吐き出し物の数の割合は、五月にはオオシマザクラ八〇パーセント、ハチジョウグワ五〇パーセントと、サクラやクワの実が多くを占めている。翌六月には、クワ五二パーセント、サクラ二六パーセント、少し進んで八月になると、アカメガシワ四八パーセント、タブノキ一三パーセント、エビヅル九パーセントとなる。一〇月にはいろいろな実がなるせいか、カラスザンショウ七二パーセント、ヒサカキとクサギそれぞれ四十数パーセント、ミツバアケビ三六パーセント、キブシ一二パーセント、タイミンタチバナ八パーセントなどと多様になる。一一月にもいろいろなものがふくまれるが、ムベ六六パーセント、ハゼノキ五七パーセント、アキグミ一四パーセントなどが目につく。年が明けて一月にも多くの木の実が食べられる。ホルトノキ四八パーセント、イブキ三九パーセント、ヒメユズリハ二〇パーセント、センダン一六パーセントが多くを占める。

島に生育する液果や乾果をつける植物のほとんどが利用されており、四季折々の果実を楽しんでいる、といってもよいだろう。

島は植物相が本土に比べて単純である。したがって、こうした食性調査は行ないやすい。本土ではもっとさまざまなものをとっていることがうかがわれる。

ビワ園をつくる⁉

少し、特定のものに注目しよう。ハシブトガラスはビワが大好きだ。六月、東京やその周辺ではビ

図 18　ビワの実を食べるハシブトガラス。東京大学本郷キャンパスにて。

ワの実が熟す時期を迎える。この時期、カラスは実が熟すのを待って、ビワを文字通り、むさぼり食う（図18）。大きな実をいくつもくちばしにくわえ、喉に送り込むのだ。一本の木に一〇羽前後が集まることも珍しくない。皆、喉をふくらませ、さらにもっと食べようとしている。

ただし、カラスはビワの実を丸ごとはのみ込まない。中の種子は吐き出す。その種子がのちに芽を出し、幼樹となる。ビワの種子は比較的簡単に発芽する。したがって、親木のまわりには幼樹が多数生えている。これらが全部、実をつけるわけではないが、カラスがビワの木々を増やしていっていることはまちがいない。

六月のこの時期、通勤途中の横須賀線や山手線などに乗っていると、沿線のあちこちでビワが黄色い実をいっぱいつけているのに気づく。そうした木は家の庭に植わっているものもあるが、多くは、なんでこんなところにと思うようなはずれた場所に生えている。こ

図 19　道ばたの植木容器から芽を出し生長しているビワの幼樹。東京都文京区にて。

れらはおそらく、カラスがばらまいた種子がもとになって生育したものだと思われる。電車に乗りながら、ここにも、あそこにもと、ビワのある位置を確かめていくのは楽しいことだ。

関連してもうひとつ、おもしろい発見をしたことがある。東京を走る地下鉄千代田線の根津駅から東大方面に歩いていくと、歩道の脇に並ぶ放置された植木容器（プランター）の多くにビワの幼樹が生えている。しかも、どの容器でも、まん中ではなく、あちこちの片隅に生えている（図19）。したがって、人が植えたものだとは思えない。最初は何気なく見ていたのだが、あるとき、それが何を意味しているのかがわかった。歩道に沿って電線が敷かれており、カラスがその電線にとまってビワの実を食べていた。そして、カラスが吐き出したビワの種子が、電線の下、ちょうどプランターの中に落下するのだった。だから、幼樹はプランターのあちこちの隅から発芽し、生長しているのである。ビワの実は、東大構内の数十メートル離れた場所からくわえてきたものだった。

条件がよければ、ビワは芽を出してから、七、八年で実をつける。ということは、カラスがそれ以上の年月を生きていれば、自分がまいた種子から生長した木々から実をとって食べることができるということだ。もちろん、そのためにあちこち種子をばらまいているわけではなかろうが、結果として、カラスが自分のために、ビワの木々をあちこちに増やしていることにはなっているようだ。

インターネットなどで調べてみると、西日本、とくに瀬戸内海の島々では、栽培されていたビワが、カラスによって種子散布され、野生化しているところが多いとのことだ。まさに、カラスによるビワ園ができているようなのだ。

おそらく、ことはビワだけでなく、もっといろいろな木の実にもあてはまることだろう。新島でカラスの食性を調べた東邦大学の長谷川雅美教授は、カラスが島のあちこちに自然の果樹園をつくることになっているのではないかと考えている。

タケノコ狩り

北海道札幌の円山公園付近では、ハシブトガラスがチシマザサの新芽（タケノコ）をとって食べるのが何度も観察されている。観察した酪農学園大学の酒井すみれさんによれば、笹やぶからタケノコをとると、足で地面に抑えつけながらちぎって中身を食べる。チシマザサは根曲がり竹ともいわれ、本州中部あたりから北海道にかけて広く山菜として人に利用されている。とくに北海道では、五〜六月の頃、さかんにとって食べられる。札幌で観察されているこのカラスのタケノコ狩りが、どのくらいの範囲にまで及んでいるのかはよくわからない。

しかし、チシマザサは日本に広く分布しているのに、カラスがこのタケノコを食べているという記録はほかにない。北海道では札幌以外にも見られるのかもしれないが、観察情報などから判断して、本州などでは見られていない可能性が高い。いずれにしても、特定地域に限られた習性であることがうかがわれる。

カラスがタケノコをとって食べるという習性が、札幌で、いつ、どのようにして始まったのかは不明である。カラスは自然に、タケノコの味を知ることになったのかもしれない。しかし、人とのかかわりの中でこの習性を身につけていった可能性もある。どういうことか。先に述べたように、北海道では時期になると、たくさんの人が山林に入ってタケノコ狩りをする。とったタケノコはもちろん持って帰るのだが、一部は野外に放置される。あるいは、かじられたのち捨てられる。そうした状況は、少なからず生じていると思われる。カラス、とくにこの当事者のハシブトガラスは、観察力のすぐれた鳥で、放置されたり捨てられたタケノコを目ざとく見つける機会があったに違いない。そうした折に、それらをかじって「試食」した可能性は高い。それがもとになって、味をしめるようになったのではないかと考えられるのだ。

現在、どこまで拡がっているのか、どのように拡まっているのか、どのくらい頻繁に食べているのか、今後調べていく必要がある。

貝や木の実を割って食べる

ハシボソガラスはくちばしでつついて割れない貝やクルミを空中から落とす。落とす場所はコンクリート道路、駐車場、線路、河原などである。空中から落とすさい、カラスはクルミなどと一緒に急降下する。地上に落ちた木の実などが、はじけて見えなくなってしまうことを防いでいるようだ。この降下行動は、平らな道路などがなかった時代、川原の石の上などに落としていた時には、とくに重要であったに違いない。現在、落として割る場所の多くは、コンクリート道路や駐車場などの平らな場所である。落としたものを見失いにくい場所が選ばれているといってよいだろう。

空中から落下させるこの一連の行動は、かなり定型化されたもので、基本的なところは遺伝的にプログラムされた生得的な行動ではないかと思われる。しかし、何をどのように扱い、どのくらいの高さからどこに落として割るか、といった部分は、個体の成長の過程で学んでいくものと考えられる。

何を落とすかに注目すると、貝などを落として割る行動は、北海道から九州までの沿岸にすむハシボソガラスで観察されている。しかし、行動が見られる頻度という点でいうと、北海道や東北などの沿岸部で多く見られる。たとえば北海道東部の沿岸部を旅行すると、コンクリートの道路や建物の上にカラスが落として割ったホッキガイが多数散乱しているのが目につく。一方、道西部の沿岸では、ウニを落としているのが観察されている。

クルミ、正確にいうとオニグルミを落として割るのは、東北地方などでよく見られる。やはりハシボソガラスによるもので、秋から冬にかけて頻繁に見られる。カラスはクルミのなる秋にそれらを多数食べると同時に、あちこちに貯える。貯えるさい、クルミの実はひとつずつ異なる場所に隠す。隠す場所は林床の落ち葉の間、木の根元、石や植木鉢の下などいろいろなところである。これらの場所に詰め込み、詰め込み跡に落ち葉や木片などをかぶせて見えなくする。冬の間に落として割って食べるのは、そうして貯えておいたものだ。このような「貯食行動」は、貯える対象となるものが大量に得られるような時に顕著に認められる。

東北地方の仙台市や秋田市（藤口 2010）あるいは北海道の札幌市（酒井すみれ　私信）にすむハシボソガラスは、オニグルミの実を車にひかせて割る。硬くて大きいクルミの実は空中から落としても割れないことが多いので、これらの地域のカラスは、割る技術をもう一歩先に進めているといえる。カラスはクルミをくわえて路上に降り、タイヤが通りそうな位置に置いたのち、近くの樹上やガードレールの上で待つ。車がひいていくと飛び出していき、砕けた中身をつまんで食べる。

ただし、路上にクルミを置いて割るというのは、思うほど簡単なことではない。車のタイヤが通る幅はかなり限られており、その幅の中に的確にクルミを置かなければいけないからだ（図20）。しかし、カラスはクルミがなかなか車にひかれないと、路上に出ていってクルミの位置を少しずらす。柔軟性に富んだ行動の見本といえる。なかには、赤信号で止まっている車のタイヤの前に出ていってクルミを置くものもいる（図21）。この場合は一〇〇パーセント割れることになる。

図 20　路上にオニグルミの実を置くハシボソガラス。白線からの距離に注意。宮城県仙台市。

図 21　赤信号で止まっている車のタイヤの前にクルミの実を置くハシボソガラス。宮城県仙台市内にて。撮影：中瀬 潤。

人間社会が発達させた高度な科学技術を利用して、これらのカラスは生きていることになる。カラスは自分たちのやっていることの意味をきちんと理解し、何をどうすればどうなるかがわかっていて行動しているに違いない。仙台で車を利用したクルミ割り行動が見られるのは、市内の比較的限られた場所である。これらの場所には、次のような共通点がある（仁平・樋口 1997, Nihei and Higuchi 2001）。

★近くにクルミの木がある。

クルミの実が得やすいという条件が、まず必要なのではないかと思われる。

★車が停車、または徐行する交差点やカーブ、急な坂、ロータリーなどがある。

車の速度が落ちるので、クルミの実を置きやすいということなのだろう。

★車利用行動を引き起こすのに適度な車の交通量がある。

適度な交通量とは、クルミを置くためにカラスが長時間待つことがなく、かつ、クルミを置きにいく時も割れたクルミを食べにいく時もカラス自身がひかれることのない交通量のことである。安全性と確実性の両方がかかわる条件である。

ハシボソガラスは、クルミ以外のものも車にひかせて割ることがある。北海道では、東部の釧路でいくつかの貝類を（渡辺ユキ　私信）、南部の渡島半島の黒松内ではカワシンジュガイを（鷲谷いづみ　私信）、車にひかせて割るのが目撃されている。

図 22　ごみ袋を食い破って中身を食べるハシブトガラス。神奈川県逗子市。

生ごみに集まる都市ガラス

都市にくらすカラスは、人間が出す生ごみを好んで食べる（図22）。大都市、東京などでは、レストランや食堂、喫茶店、会社、家庭から大量の生ごみが出される。これら生ごみは、人間の側からすれば「ごみ」ではあるが、カラスにとっては「ごちそう」であるだろう。人間にとっても、ほんとうはごみなどではないかもしれない。銀座の高級レストランなどから出されるものは、一般庶民が簡単には口にすることのできないものの食べ残しであるのだ。

カラスは油分に富むものが大好きだ。生ごみの入った袋から、ベーコンや鳥皮などの肉片、卵焼き、焼きそば、マヨネーズ（容器）などを引っぱり出して食べる。白菜などの野菜はぽいぽいと放り投げてしまう。都市にすむカラスは、血中の中性脂肪やコレステロールの値が高くなっているのではないかと心配される。

目視観察や携帯電話のPHSを利用した追跡調査によれば、カラスは生ごみが出される場所を知っている。銀座でも上野のアメ横でも、早朝にカラスが向かう場所はほぼ決まっている。また、生ごみが多く出される場所に多くの個体が集まる。何らかの「情報交換」が行なわれているのだろう。巡回する場所も決まっているようだ。傑作な例としては、午前中に上野を出発し、昼の一二時二〇分に銀座に到着、その約三〇分後に六本木、三時すぎには赤坂に出向いたカラスがいる。銀座、赤坂、六本木と、サラリーマンの夜の遊興コースをたどっているようなものだ。それぞれの場所で、ハンバーガーやドーナツの残りなどをついばんでいるのだろうか。長年の経験と群れ生活の利点を生かして、都市の中で効率よく食生活を送っているのではないかと思われる。

カラスは、都市の中でも貯食を食生活の重要な手段としている。大量に出される生ごみを、食べるだけでなく、あちこちに貯え、あとになってとり出して食べるのだ。銀座などで見ていると、高級なレストランやブティックなどのショウウインドウの縁、看板の隙間、植木鉢の下などに肉片や卵焼きなどを詰め込んでいる。多くは食べられるうちに処理されるが、一部はそのまま放置される。きたならしい話だが、それが現実だ。カラスにとっては高級な場所であるかどうかは関係ない。食べものを詰め込むことのできる隙間がありさえすればよいのだ。建物が立ち並ぶ立体空間の発達した都市には、カラスがものを貯えることのできるような場所はいくらでもある。

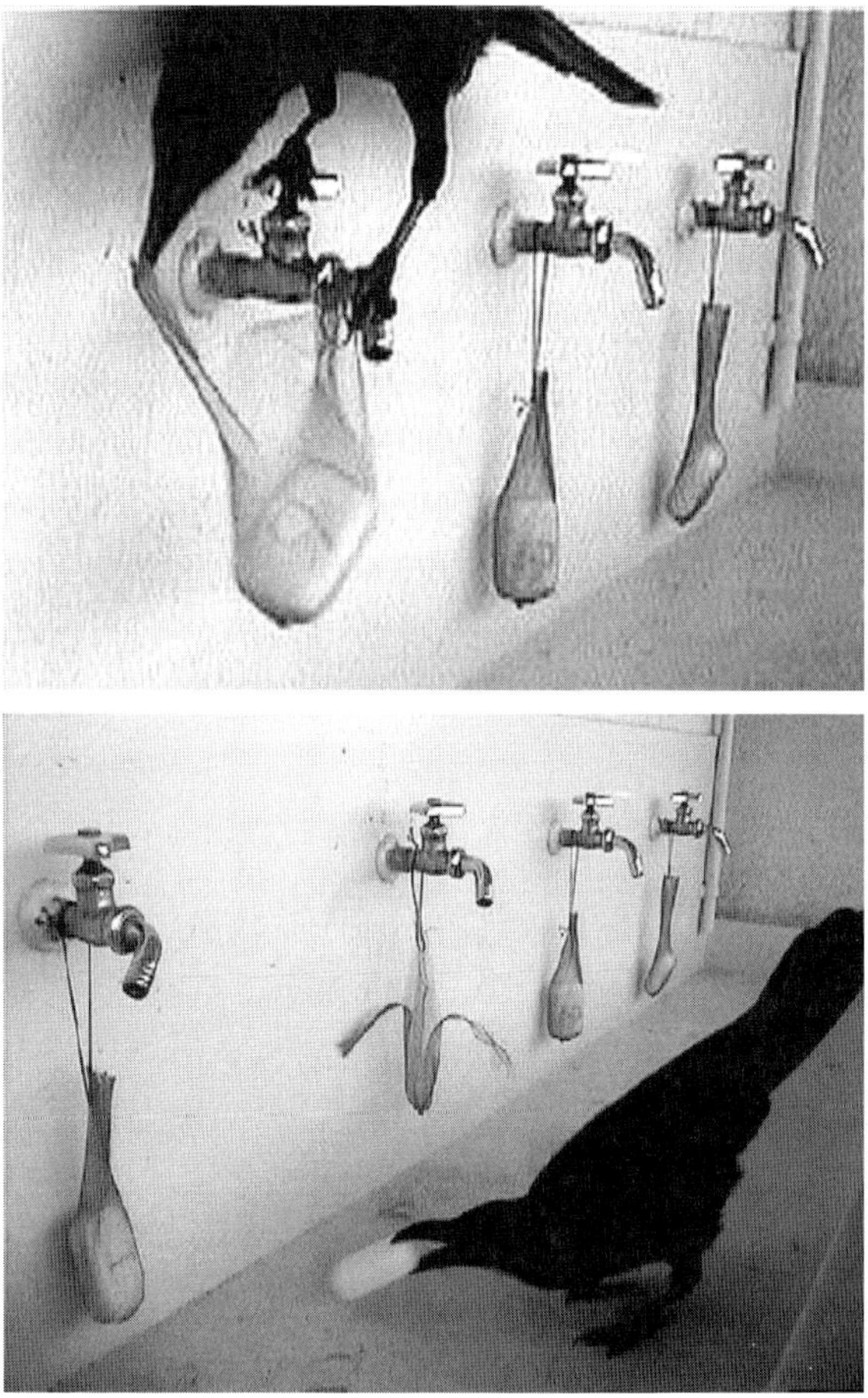

図 23　石鹸を持ち去るハシブトガラス。屋外の手洗い場にやってきて、くちばしで網を引き裂いたのち（上）、石鹸をくわえて持ち去る（下）。千葉県松戸市内にて。撮影：柴田佳秀。

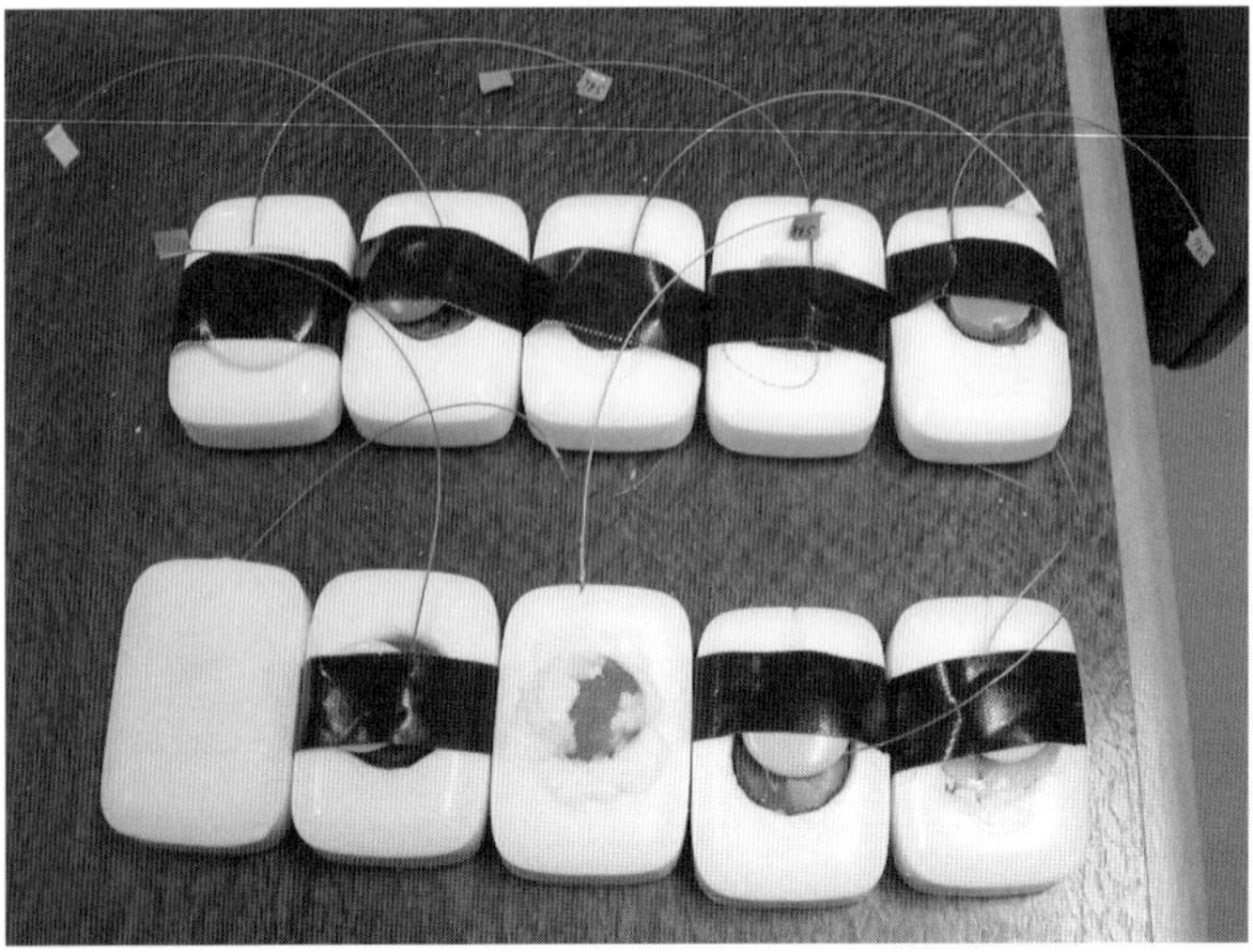

図 24　石鹸の中に小さな発信機を埋め込み、その行方を追った。

石鹸をかじる

千葉県の松戸市にすむハシブトガラスは、固形の石鹸を次々に持ち去る（図23）。ある幼稚園では、三週間あるいは五週間で、屋外にある洗面所からそれぞれ六〇個もの石鹸が持ち去られた。この幼稚園で、石鹸の中に小型の発信機を入れてカラスがどこに持ち去り、何をしているのかを調べてみた（図24）。その結果、カラスは持ち去った石鹸を、近くの林や人家の庭先などの地表付近に埋め込み、埋め込んだあとに落ち葉などをかぶせ、外から見えないようにしていた（図25）。前記の貯食行動と同様の行動である。

隠した石鹸を何に使っているのか。一緒に研究した学生の一人が、油のしみついた足やくちばしを洗っているのでは、とおもしろいことをいった。実際には、隠した石鹸は、日を追って隠し場所を

図 25　林床の落ち葉の間に隠された石鹸。状況をわかりやすくするために、落ち葉を少しとり除いてある。石鹸から発信機のアンテナが出ているのがわかる。千葉県松戸市内にて。

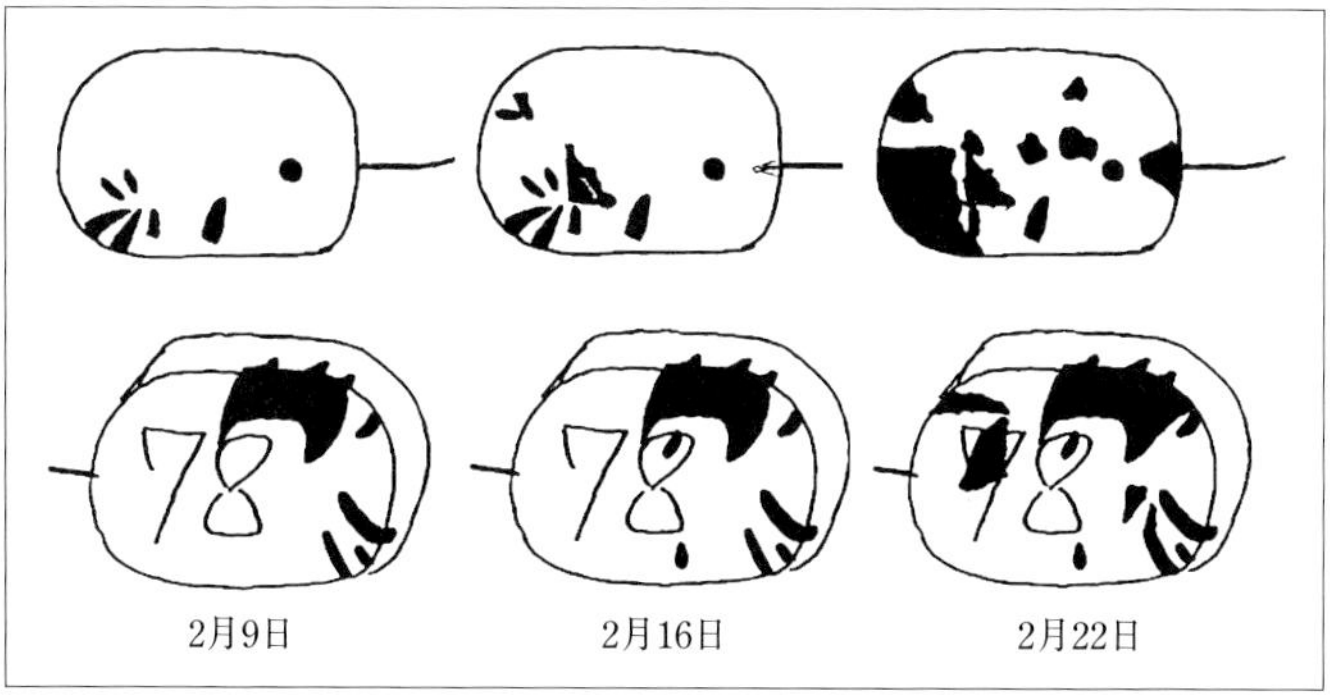

図 26　持ち去られた石鹸がカラスに徐々にかじられていった様子。黒い部分がかじられたところ。石鹸の数字は石鹸の番号。横に突き出しているのが発信機のアンテナ（一部）。Higuchi *et al.* (2003)。

移動させながら、少しずつかじって食べていることがわかった（図26）。

石鹸は、通常、人をふくめて動物の食物になるものではない。人の場合、口の中に入れても吐き出してしまう。だが、松戸市内の住宅地や都内のビルの屋上で石鹸を置いて観察したところでは、カラスは吐き出すどころか、平気で石鹸をかじり、口の中に入れていた。石鹸は牛脂、ヤシ油、オリーブ油などの動植物の油脂からつくられる。カラスは石鹸にふくまれるこの油脂分を好んで食しているように思われる。

石鹸の持ち去り行動は、松戸市のいくつかの場所で見られるほか、東京や神奈川などのいくつかの地域でも観察されている。神奈川県の相模湖周辺では、洗車場にカラスが頻繁に訪れ、柔らかい石鹸の入った缶に頭を突っ込み、石鹸を食べていく（黒沢令子　私信）。柔らかい石鹸の表面にはくちばしの跡が多数ついている。考古学の研究者が働く発掘現場の多くでも、手洗い用に野外に置かれた石鹸が頻繁に持ち去られる（国武貞克・国武陽子　私信）。東京大学の構内でも、カラスが白い石鹸をくわえて飛び去るのを見たことがある。カラスは石鹸を好んで食べ、野外に石鹸を置く習慣のある地域では、カラスに石鹸食文化が発達しているといえよう。

おそらく、石鹸を野外に置く習慣が今よりもふつうであった時代には、カラスはもっと頻繁に石鹸を持ち去り、かじっていたに違いない。石鹸食文化は今よりもさかんであったろうと思われる。

ロウソクをかじる

類似の例として、野外に立てられたロウソクを持ち去るカラスもいる（Higuchi 2003）。京都市のある神社では、訪れた人たちが野外にロウソクを立ててお参りする習慣がある。この付近にすむハシブトガラスは、火のついたロウソクをくちばしで切りとり、くわえて近くの林などに持ち去る（図27）。持ち去ったロウソクは林床の落ち葉の間やわらぶき屋根のわらの間などに隠し、石鹸同様、あとになってとり出してかじる。やはり、貯食行動の一種と認められる。

火のついたロウソクをくちばしで切りとる行動は見事である。この神社で使われるロウソクの多くは和ロウソクで、芯もロウソク自体も太い。これを切るのは、大きな裁ちばさみを使っても容易ではない。カラスはそれを瞬時にスパッと切るのである。カラスのくちばしは肉切り包丁のようなものだが、ここではその機能が別の形で生かされているといえる。また、火のついたロウソクの芯の根元のまわりには、とろけた蠟がたまっているが、カラスはそれをなめとることもある。とろけた蠟は非常に熱いと思われるが、カラスは気にしない。むしろ、好んでなめとっているように見える。舌は一体どうなっているのか、この点も不明だが、カラスの身体がもつ別のすぐれた一面といえる。

ロウソクを持ち去って隠すこの行動は、この地域のカラスにとって日常的なものである。カラスは新しいロウソクが立てられると、すぐにやってきて持ち去ろうとする。ロウソクに非常に高い関心を寄せているといえる。ロウソクも石鹸同様、油脂分をふくんでいる。とくに、ハゼやヤマウルシ、アブラヤシなどの実、米ぬかなどからつくる和ロウソクには、多量の天然油脂がふくまれている。カラスはやはり、この油脂分を好んで食しているようだ。石鹸同様、ロウソクも人の口には入らない。

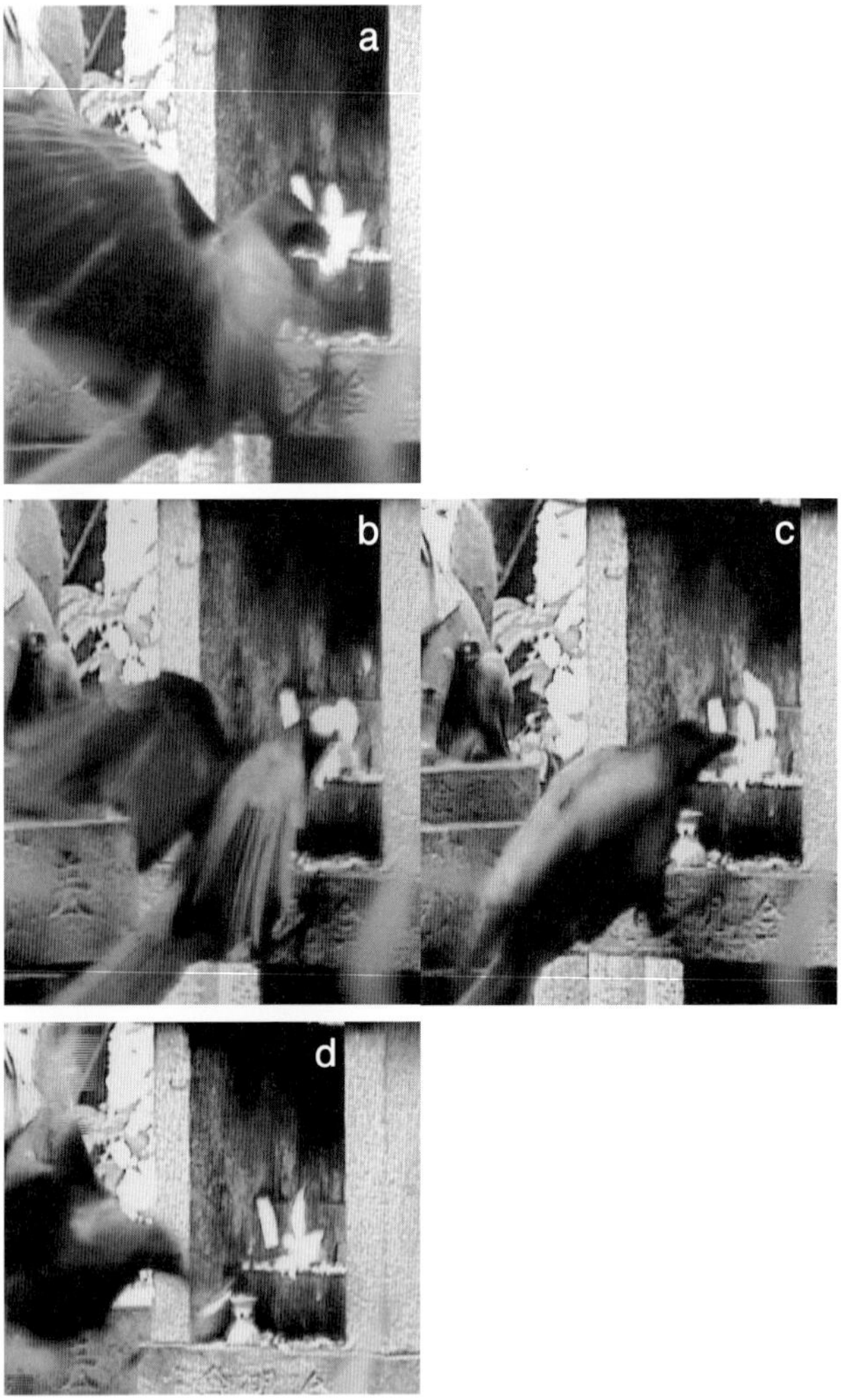

図 27 屋外に立てられたロウソクにやってきて（a）、くちばしで切断したのち（b、c）、それを持ち去る（d）ハシブトガラス。切断後も火種が残っているのがわかる。京都市内にて撮影。Higuchi（2003）。

ところで、芯もロウソク自体も太い和ロウソクは、つけた火が消えにくい。そこで、カラスが持ち去ったロウソクに火が残っていることがあり、林床やわらぶき家屋でボヤ騒ぎになることがある。一九九九年四月から二〇〇二年一二月までの間に、この神社の境内やその周辺で合計七件の不審火が発生しており、カラスによるものと考えられている（Higuchi 2003）。

この神社では、境内となっている小高い山の各所にロウソクを立てる場所がある。その箇所、何百にも及ぶ。日常的に何百人もの人が訪れ、ロウソクを立ててお参りする。お盆や年末年始などには、何千本、あるいは一万本近いロウソクが参道沿いに立てられる。つまり、カラスにとってはよい資源が日常的に供給されていることになる。一体、何羽のカラスがこの地域にすみつき、一日に何本のロウソクをもっていくのか。今のところ、はっきりしていない。

これほど多くのロウソクが立てられる場所はそうないだろうが、ロウソクを野外に立てる習慣は日本の各地に存在する。お寺の墓地がその代表だし、また祭りの催事の一部として、一か所に何百、何千ものロウソクが立てられる場所もある。こうした場所の少なくとも一部では、やはりカラスがロウソクを持ち去るのが観察されている（杉田 2004, 松田 2006）。

また、近年は野外にロウソクを立てる習慣は少なくなりつつあるようだが、江戸から明治、大正、昭和の頃までは、神社やお寺の境内などに多数のロウソクが立てられていた。あるいは、街かどの稲荷などにも、少数だが日常的にロウソクが立てられていた。こうした時代には、カラスは今よりも頻繁にロウソクを持ち去って隠し、かじっていたのではないかと思われる。ついでにいえば、その当時の不審火の一部も、カラスの仕業であった可能性がある。

カラスにとっての地域食文化

上記のようなことがらをカラスに見られる地域の食文化と考え、そのあり方を少し整理してみる。まず、例としてあげられるような採食行動が特定の地域に限って見られるということは、その行動が生まれてからあとの成長の過程で獲得されたものであることを示唆している。もし、遺伝的にプログラムされた生得的な行動であるならば、生息する地域のどこでも同じように見られるはずである。ただし、空中から貝などを落とす例で述べたように、行動の基本となるところは生得的な行動である可能性もある。

次に、問題の行動が発達している背景には、その行動を見せるカラスをとりまく環境の特性が関連している。貝やクルミを空中から落とす行動や、車を利用したクルミ割り行動は、貝やクルミがそれぞれ豊富に得られる地域で発達している。あたりまえといえばあたりまえかもしれないが、基本となる重要なことである。豊富に、また継続的あるいは定期的に得られるところでなければ、行動の継続性は維持できない。

おそらく問題の行動は、それが発生しやすい条件のところで発達し、またその行動が発達していくことによって生活が安定する、あるいは安定するとまではいかないにしても「豊かになる」ところで発達している。地域の特性に合わせて行動が発達している、といってよい。この点は、車を利用したクルミ割り行動の中に顕著に現れている。この例では、前記のようにクルミの得やすさ、クルミの割りやすさ、交通量などといったいくつかの局地的な条件に関連して行動が発達している。

生活が「豊かになる」ということは、生活するうえで問題の行動が必要不可欠ではないかもしれないが、それがあることによって何らかのプラス面が加わる、ということだ。たとえば石鹸やロウソクは主食ではないので、カラスの生存率や繁殖率を増加させるものではないかもしれない。しかしそれらは、油脂分をふくむ食物を好むカラスにとっては文字通り、食生活を豊かにすることになっているのではないかと思われる。

人間社会のものをふくめて、文化とはまさにそのような側面をもっているのではないだろうか。カラスにとっての石鹸やロウソクは、人間世界でいえば、飴や煎餅といった菓子類、あるいは酒やたばことといった嗜好品のようなものといえるかもしれない。菓子や酒などは人が生きていくうえで不可欠なものではないが、たいへん重要なものである。石鹸とロウソクは腐らず、長く保存がきくという点でも、食物としては特異なものである。実際、石鹸が持ち運ばれた林の中には、私たちの実験前にカラスがもってきたと思われる古い石鹸が多数見つかった。

地域の食文化といった場合、単に特定地域で特定のものを食べている、といったことだけを意味するのではない。その食べ方、人間世界でいえば調理法ともいえる部分も合わせて発達しているところが重要である。カラスの場合、通常では割れないものを高いところから落として割る、あるいは車にひかせて割る、石鹸やロウソクを持ち去り、貯えておいて少しずつかじって食べる、などといった部分が、まさに独特の文化を生み出しているといえる。

また、少し細かいところまで見てみると、採取する、あるいは調理する技術のようなものも関係している。ロウソクを持ち去るカラスを見ていると、芯までふくめて太い和ロウソクを、瞬間的にスパッとくちばしで切る。前にも述べたが、これは決してたやすいことではない。仮に私たちが同じロウソクを裁ちばさみやナイフで切ろうとしても、カラスのようなわけにはいかない。蠟は切りにくいものだし、蠟のしみ込んだ布の芯だってなかなか切れないものだ。ハシボソガラスのくちばしは、非常に鋭利なナイフを二つ組み合わせた裁ちばさみのようなものなのだろう。その鋭利な二股ナイフをどう使うかには、十分な技術や経験が必要だと思われる。

同様なことは、クルミを車にひかせて割るさいにもあてはまる。道路のどこに置けばよいか、ひかれないときにはどうするか、車に自分自身がひかれずに割れたクルミを食べるのにはどうすればよいか、など難問がいくつもある。これら難問に対処するのにも、十分な技術や経験が必要なはずだ。そうした技術や経験があってはじめて、地域の食文化が成立することになっていると思われる。

もうひとつ、カラスの食文化で注目すべきことは、環境条件が整っている地域すべてで同じ食文化が見られるわけではない、ということだ。ホッキガイを食べる例にしても、オニグルミを食べる例にしても、環境条件が整っていても、具体的にいえばホッキガイやオニグルミが多数手に入る地域でも、問題の行動が発達していない地域は多い。食物の得やすさなどが十分ではないことが関係しているのかもしれないが、個体の特性のようなものがかかわっている可能性がある。同じものがあっても、また同じことに遭遇しても、それを利用し、行動を発達させることのできる個体、あるいは発達させようとする個体がいるとは限らない。能力や関心をもつ個体のいる地域で、はじめて発達していくということなのではないかと思われる。車を利用したクルミ割り行動の発達などには、とくに個体の特性が関係しているように思われる。ひらめきのよい個体が現れない地域では、高度な先見性を必要とする行動は発達しないだろう。

カラスは人間の生活と密接にかかわりながらくらしている。人間がつくり出した都市やいろいろな種類の農耕地など、人間の文化、文明とともに生き、採食し繁殖している。人間の文化、文明が地域による特色をもっていることから、それとともに生きるカラスの食生活も、地域による特色をもつことになっている。自然環境と人間生活の両方の地域性の影響を受けながら、カラスはそれぞれの地域で独自の食文化を発達させているものと思われる。

今後、この視点に立って関連の情報を収集していけば、カラスの食文化のあり方をより広く、より深く明らかにしていくことができるだろう。

種による違い

情報収集にあたってひとつ注意すべきなのは、対象となる行動をハシボソガラス、ハシブトガラスのどちらが見せるのかを明確にしておくことだ。これまでの事例からわかるように、この二種は似ているようでいて、かなり異なった生態や行動を見せる。

たとえば、高いところからクルミや貝を落として割る行動や、クルミを車にひかせて割る行動などは、ハシボソガラスしか見せない。ハシブトガラスはそばにいるのだが、決してやらない。代わりに、ハシボソガラスのやっていることを注視していて、たとえば車がクルミをひいていくと路上に飛んでいき、ハシボソガラスを追い払って割れたクルミの中身を横取りすることがある。車が行き来する路上にクルミを置くことはそれなりに危険なので、その仕事はハシボソにまかせ、割れた戦利品だけを横取りするという「ずるがしこい」行動を発達させているのかもしれない。ごみ捨て場でもそうであるが、二種の間では体がいくぶん大きいハシブトガラスの方が行動上は優位である。

ハシブトガラスとハシボソガラスは、ともにいろいろな環境にすみ、いろいろなものをとって食べるが、主なすみ場所や食物、あるいはそれらに関連したくちばしの形状などは、微妙ではあるがはっきりと違っている（Higuchi 1979, 樋口・森下 2000）。ハシボソガラスは、郊外の開けた農耕地帯、広い河川敷や海岸などにすむ。ハシブトガラスは、連続した森林や都会のコンクリートジャングルなど、高さのある環境に好んですみつく。丘陵地帯で水田が奥部から拡がるような谷戸環境では、水田にはハシボソガラスが、周囲の森林にはハシブトガラスがなわばりをかまえる。食物は二種でかなり重複するが、くちばしの太いハシブトガラスの方が肉食に偏り、草の種子よりも木の実を好む。また、生ごみのあるところに多数集まる傾向があるのも、ハシブトガラスの方である。

二種の地域食文化は、こうしたすみ場所や食習性の違いに応じて、いろいろと異なっているに違いない。また、そうした生き方の違いは、人間生活とのかかわりの中にも現れているに違いない。一方の種がいない地域で他方の食習性、食文化が違っている可能性もある。二種の違いに留意しながら、それぞれの食文化の内容を調べていくのは興味深い。

もちろん、収集される情報は、国内に限ったものではない。ハシボソガラスはユーラシア大陸に広く分布するし、ハシブトガラスも東アジアから東南アジアにまで分布する。国や地域による自然環境や人間生活の違いに応じて、この二種の食文化がどう違っているかを明らかにしていくことは、今後の大きな課題である。

食文化をもつ理由

カラスが見せるこうした地域の食文化のようなものは、ほかの鳥ではほとんど見られない。なぜ、カラスでよく見られるのだろうか。それは、カラスがいろいろなところにすみ、いろいろなものをとって食べる何でも屋、ジェネラリストとしての性質をもっていることと関係している。

それぞれの鳥の種は、ある特定の種類の食物をとり、それに合った体のつくりをしている。もちろん、特定のとはいっても一種類や二種類のものではない。ヤマガラは昆虫の幼虫からエゴノキの実まで食べるし、スズメやツグミだって植物質のものから動物質のものまでいろいろなものを食べる。が、それでも、カラスと比べればずっと限定されている。カラスは鳥の世界ではとびぬけて多様な食習性をもつ何でも屋であり、きわだったジェネラリストといえる。しかし、何でも屋とはいっても、カラスは手あたり次第に何でも食べるということはしない。その季節、その場所の状況に合わせて手に入りやすいもの、好みのもの、栄養価のあるものを見つけ出して食べているのである。

そしてそれを可能にするために、カラスは型にはまった行動ではなく、融通の利く性質を発達させている。融通の利く性質があってはじめて、しかるべき時に、しかるべきものを、しかるべき方法で処理して食べることができているのだ。カラスがそれぞれの地域で独特の食文化を発達させているのは、この何でも屋としての性質と行動の柔軟性の両方に裏打ちされている。カラスはこの二つの特性を利用しながら、それぞれの地域で折々に得られる資源を効率よく利用し、生活を安定させたり、生活の中身を豊かにしたりしているのではないかと思われる。

人間も多様な地域や環境に住み、いろいろなものをとって食べる。哺乳類の世界の中でもきわだって多様な食習性を見せるジェネラリストである。また、行動はきわめて柔軟性に富んでいる。その結果、地域ごとにいろいろ異なる食文化を発達させることによって、生活を安定させたり、生活の中身を豊かにしたりしている。ヒトとカラスは、共通する点が多い。

ヒトもカラスもきわだったジェネラリストとしての道を歩み、それを可能にする性質を発達させてきた。動物界の中では特異な存在といえる。そして、おそらくこのことと関連して、ともに脳がよく発達している。ヒトについてはいうまでもないが、カラスの脳も鳥類の中ではひときわ注目される形状をもっている（杉田 2006）。体の割に脳は大きく、ニワトリの約三・五グラム、ハトの約二・五グラムに比べて、ハシブトガラスでは一〇グラムほどもある。また、脳を構成する基本部分ともいえる脳幹に対して、知能にかかわる大脳の部分がとても大きい。その重量比はスズメ三・四、カモ三・一、ハトとニワトリそれぞれ一・六に対して、ハシボソガラスでは五・七、ハシブトガラスでは六・一もある。加えて、大脳一立方ミリメートルあたりの神経細胞数は、ニワトリ約一万四〇〇〇に対して、ハシブトガラスでは二万一〇〇〇と一・五倍もあるのだ。

脳の発達は、多様な食習性以外にも、遊びの行動などをも発達させることになり、そこにも興味深い地域性がある。が、それについては長くなるので、別の機会に論じることにしたい。

文化の伝播

さて、カラスの地域食文化、とくに石鹼やロウソクをかじったり、車を利用してクルミを割るような特異な食文化は、どのように始まり、伝播していったのだろうか。私は東北大学の仁平義明教授らと共同で、車利用行動の起源と伝播経路について調べてみた。仁平教授は心理学が専攻であるが、大学構内や近隣のカラスの車利用行動に早くから関心をもち、観察を重ねていた。ご自分でも、カラスが路上に置いたクルミの実を、車でひいて割った経験をおもちである。以下に、私たちの研究の概要を紹介する（Nihei and Higuchi 2001, 樋口・森下 2000）。

車利用行動は主に東北大学とその周辺で見られていた。そこで私たちは、東北大学の教職員や学生、野鳥の会の会員などを対象に、車利用行動の目撃記録を収集するアンケート調査を実施した。カラスによる車利用は注目すべき行動であり、またよく目につくものでもあるので、アンケート調査が効果的であると考えたのである。調査は一九九四年から九五年にかけて行なわれた。

その結果、仙台市内では一七地点で車利用行動が見られていた。この一七地点は仙台市内に散らばっていたが、ほとんどが仙台市を流れる広瀬川流域とそこに注ぐ沢の近くだった。広瀬川の流域には野生のオニグルミが多数生育しており、車利用行動が発達しやすい条件を整えていた。

なかでも青葉区花壇にある花壇自動車学校では、一九七五年頃から車利用行動が見られ、もっとも古い記録が残されていた。自動車学校では、車が適度な量で、しかも適度な速度で走っている。適度な交通量、適度な速度というのは、前記のように、カラスが道路に出ていき、クルミを置いて車にひかせて割るのに、身の安全と行為の確実性を保証する交通量や速度のことである。自動車学校では、運転する人も、安全であるためか比較的のんびりしており、カラスに対しても協力的である。置かれたクルミが少しずれていても、わざわざ方向を少し変えてクルミをひいていくような人もいるのだ。車利用行動が発生する場所としては、たしかに最適の条件を備えている。

観察地点を対象に、はじめて見られた年を地図上に落としていくと、最初に見られた年は、花壇自動車学校から近いほど早く、離れた地点ほど遅いという傾向がある（図28）。すなわち、花壇自動車学校から波紋のように徐々に行動が伝わっていったことがうかがわれる。花壇自動車学校以外では、車利用行動は一九八〇年代の後半になってから見られており、徐々に北西方向に向かって拡がっている。一九九二年には、北寄りの宮城県美術館付近に飛び地ができている。

カラスの車利用行動が花壇自動車学校から拡がっていったとして、それでは一体、どのようにしてこの行動はここで発生したのだろうか。少し想像をたくましくして考えてみよう。

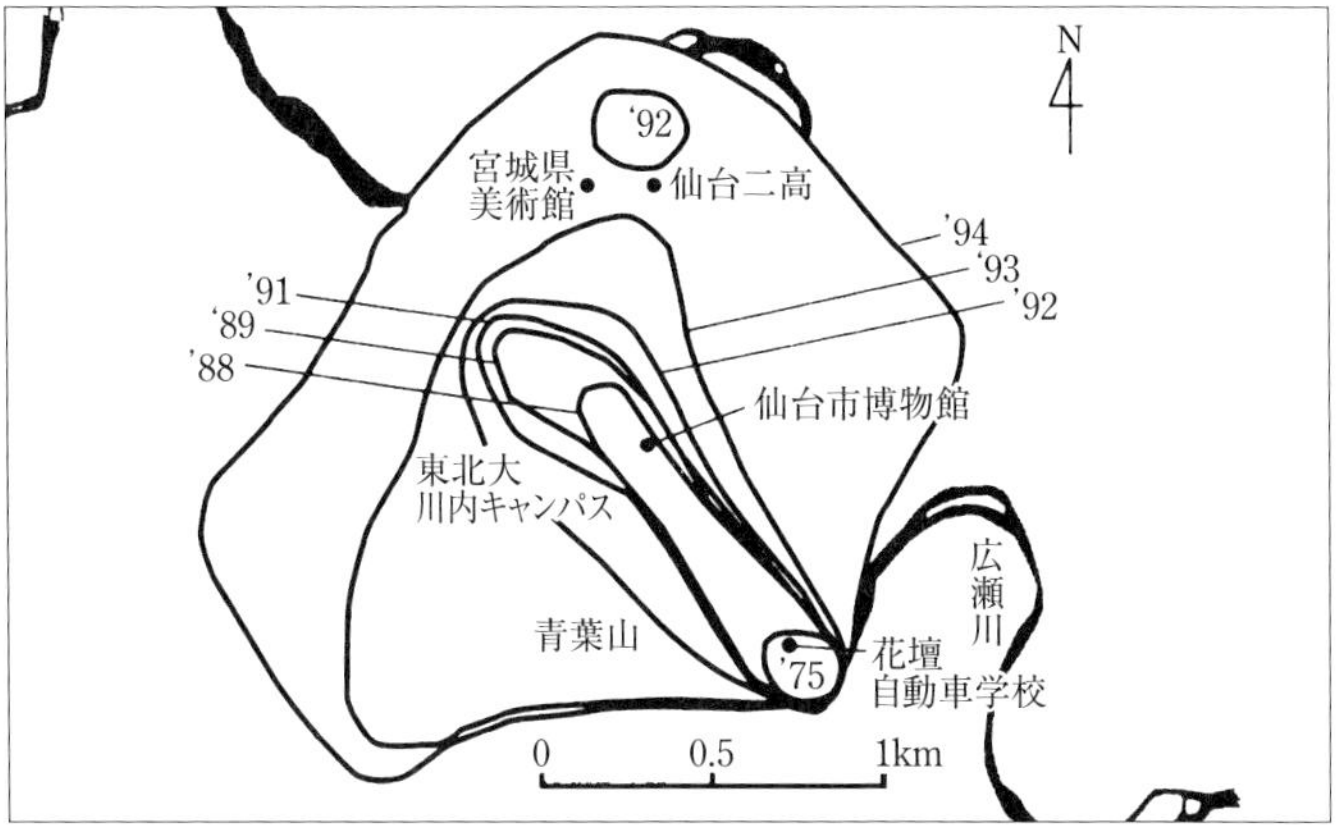

図 28　ハシボソガラスによる車利用行動が発生地（花壇自動車学校）から周辺地域へと拡がっていった過程。宮城県仙台市内。最初に見られた年が同じである地点を線で結んである。樋口・森下（2000）。

現在の自動車学校の道路沿いにはクルミの木は見あたらないが、三〇、四〇年前には、今よりもっと多くのクルミの木が周辺にあったという。それらの中には、枝を学校内の道路に張り出していたものもあったかもしれない。そうだとすると、秋にクルミの実がなり、やがて道路に落ちた時、それらのいくつかは車にひかれたことだろう。しかし、それを見て、自分でクルミを道路に置いて割る試みをするカラスはなかなかいなかっただろう。だが、どこかの時点で、ひらめきのよい個体が出現し、道路に置くことを始めたのではないか。そして、この場所が前述のように好都合な条件を備えていたために、車利用行動が発達していくことになったのではないだろうか。

あるいは、こういう可能性もある。カラスがクルミを割るのは、空中から落とす行動でより広く見られる。花壇自動車学校でも古くから見られている。

すぐそばを流れる広瀬川の河原からクルミをくわえてきて、学校内の路上にさかんに落とすのだ。しかし、硬いクルミの実は一度ではなかなか割れないので、何度も落とすことになる。そうしている間に、車がその場所を通過し、路上に転がったクルミを偶然にひいていくことがある。あるいは運転する人間が、おもしろがってわざとひいていったかもしれない。そこで、やはりひらめきのよいカラスが、自分で路上にクルミを置き始めたのではないか、ということが考えられるのである。

いずれにしても、車利用行動が自動車学校から始まったらしいというのは、とても興味深い。自動車学校でしばらく「訓練」を積んだあと、一般道路に出ていったようにも見えるからだ！　カラスのやることは、何でも人間臭いところがおもしろい。

発生地から周辺地域へとどのように拡がっていったかは、はっきりしない。だが、おそらく、前記のような都合のよい条件をもつ地域で、近隣の個体から個体へ、あるいは親から子へと伝播していったのではないかと考えられる。こうした行動の伝播のあり方を正確に調べるためには、色足環などによってカラスを一羽ずつ個体識別し、問題の行動が親子をふくめて個体から個体にどのように拡がっていくのかを観察する必要がある。とても興味深い課題だが、カラスは特定個体を捕獲し個体識別するのが困難なので、今のところ実現には至っていない。

カラスは、知能の発達とともに、個体の識別能力をふくめて、個体間の複雑な関係を発達させている。個体識別した野外研究は、文化の伝播だけでなく、ほかのさまざまな生活の部分の解明にも大きく貢献することになるに違いない。今後、ぜひ試みたいと思っている。

第6章——島の自然と生きものの世界——三宅島とのつき合い

私がはじめて三宅島を訪れたのは、四〇年以上も前、二〇歳になってまもない頃のことだ。まだ、島の観光化が進んでいない時期で、鳥を見るために島を訪れる人はだれもいなかった。七月のはじめだったが、あちこちでたくさんの鳥を見ることができた。とくに、島にある二つの湖のひとつ、太路池のまわりでは、信じられないくらい多くの鳥たちに出合い、非常に驚いた。鳥ってこんなにたくさんいるものか、と思った。朝まだ陽がのぼらない頃、だれもいない湖のほとりで鳥たちのさえずりに身を包まれていた時のことを、私は今でもはっきりとおぼえている。そこはまさに、鳥たちの楽園だった。

当時の三宅島は神秘に満ちていた、といっても過言ではない。こんもりと茂った照葉樹林の多くは、大樹、老樹からなっており、まさに神が宿っているかのようだった。老樹の根元にできた空隙には、人が入って雨宿りができた。隣り合う木々の枝葉が光を求めてせめぎ合い、林冠で見事なパッチワー

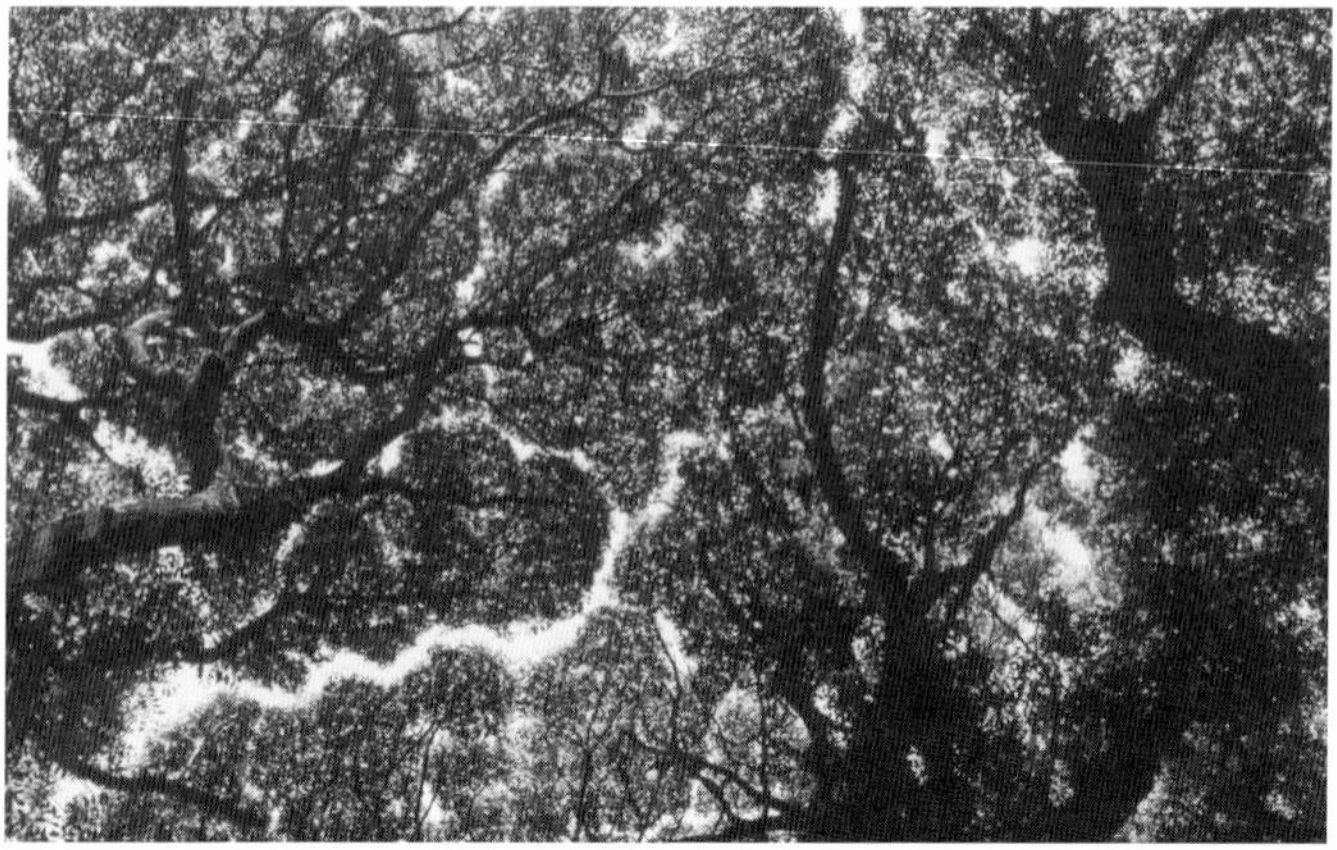

図 29　三宅島の照葉樹林の樹冠。枝葉がパッチワークを形成している。

クをつくり出していた（図29）。その天蓋の隙間からは木漏れ日が射し込み、森の中でくるくる舞っていた。そうした森の中にたたずんでいると、心がおだやかになり、コマドリやカラスバトをはじめとした鳥たちの声を聞いていると、深山幽谷にいる思いがした。巨大な緑の空間とさまざまな鳥の声に包まれ、自分自身がその中にすっぽりと溶け込んでいるようだった。

はじめて訪れた三宅島の夏、島の子どもに連れられて、太路池に出かけた時のことを思い出す。少年は、森の入口近いところで一枚の大きな葉を拾い、近くの石の上に載せた。「お葉をあげないと森の中で迷ってしまうから」ということだったが、私はそのことばの中に、とても神聖なものを感じた。そこには、自然に対する島の人の畏敬の念が込められているように思われた。

以来これまで、私は六〇〇回以上も三宅島に通った。私はこの島でヤマガラ、アカコッコ（図30）、イイジマムシクイ、ホトトギスなどの生態や行動を調べた。この

図 30　アカコッコ。三宅島を代表する鳥。研究用の足環をつけている。撮影：津村　一。

島の島の世界は、本州など、いわゆる本土の島の世界とはいろいろな点で違っていた。私はまた、島に人為的に移入されたイタチが鳥たちに与えた影響や、噴火による鳥や植物への影響なども調べた。島に出かけるたびに、私は新たな発見に出合い、胸をときめかせた。私のこれまでの人生の多くは、この島の鳥や自然とともにあったといっても過言ではない。

この章では、そうした三宅島の自然と生きものの世界を紹介し、一方でイタチ導入や噴火によって島の自然がどう変わってきているかについて述べたい。島の興味深い自然や生きものの世界とその脆弱性について感じとっていただけるのではないかと思われる。

三宅島の自然

三宅島は伊豆諸島の中ほど、東京から一八〇キロほど南方に位置している。近隣には、ほぼ南北に島々が連なっている。三宅島は火山起源の島で、ほかの島や陸地から長い期間にわたって孤立してきた。これまで何度となく噴火を繰り返し、現在の形状ができてきた。

三宅島の生物相は、こうした自然条件のもとで発達してきた。島が火山起源で孤立していたため、この島にたどり着き、定着した生物にはかなり偏りがある。森林の構成樹種は約四四〇種、本土の同面積地域の二分の一から三分の一ほどで、たとえば、森林の多くを占める照葉樹林にはカシ類が見あたらない。カシ類は本州などの本土では、照葉樹林を代表する樹種のひとつだ。両生類は自然分布しておらず、爬虫類ではオカダトカゲ一種だけ（ごく少数、ヒバカリが生息）、哺乳類ではアカネズミとコウモリ類二種だけが自然分布している。

空を飛べる鳥でも、キジ（移入種を除く）、カワセミ、ヒタキ（亜科）、エナガなどのなかまが繁殖していない。また同じ分類群の中でも、限られた種の鳥しかいない。たとえば、本土ではキツツキ類はクマゲラ、オオアカゲラ、アカゲラ、コゲラ、アオゲラが、ホトトギス類はカッコウ、ホトトギス、ツツドリ、ジュウイチが繁殖しているのに対して、三宅島ではそれぞれコゲラ、ホトトギスしか繁殖していない（図31）。

同じく飛翔能力をもつ昆虫でも、限られた分類群や種しか分布していない。本州起源のカミキリ類を伊豆諸島の北から順に調べてみると、大島二八種、新島二六種、三宅島二〇種と次第に少なくなっているのがわかる（図32）。

島にすむ生物の種数は本土からの距離や島の面積などによって決まる。本土から離れていればいるほど、たどり着ける種は限られることになり、島の面積が狭ければ狭いほど、たどり着いても定着で

図 31　ホトトギスのひなに給餌するウグイス。伊豆諸島三宅島。

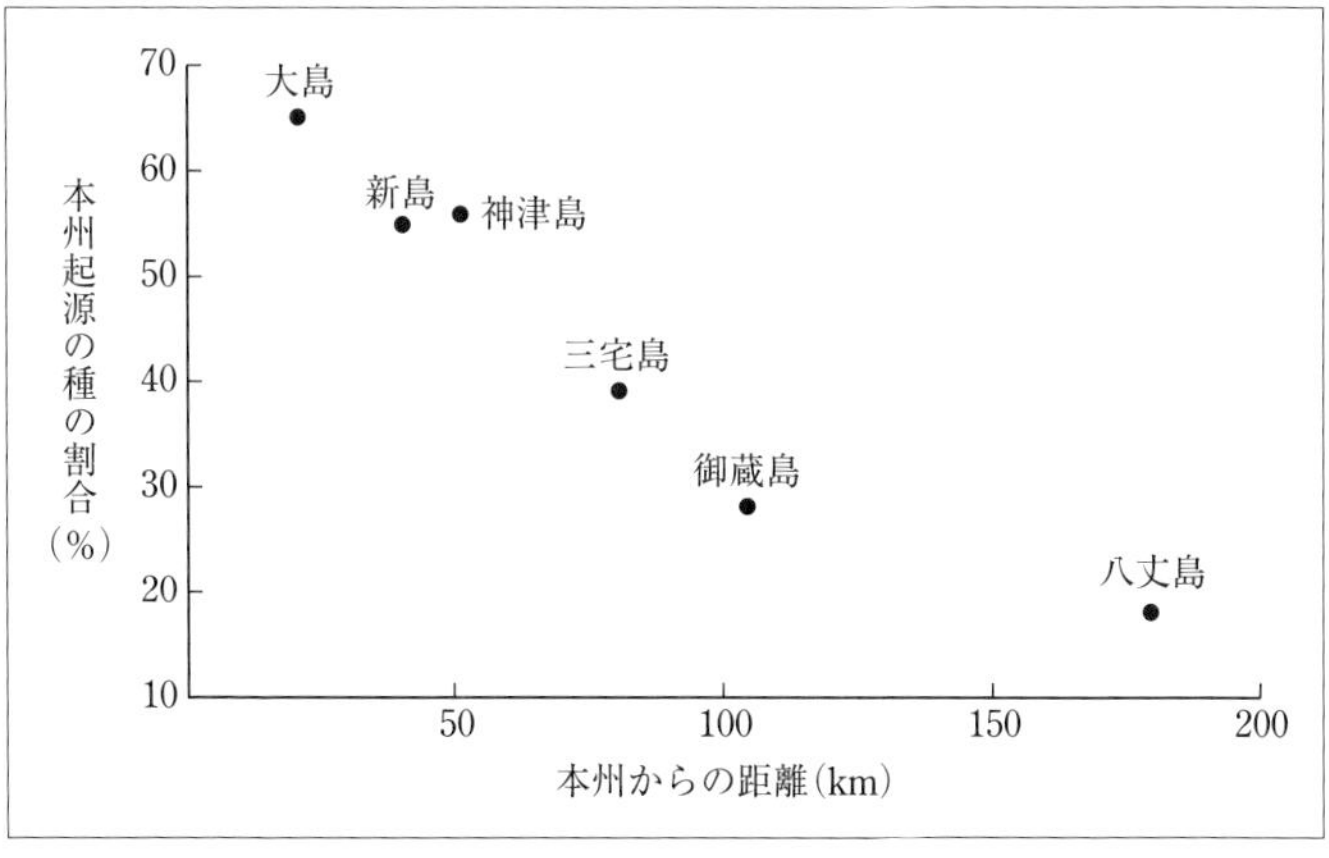

図 32　伊豆諸島の各島におけるカミキリ類の種構成と本州本土からの距離との関係。高桑（1979）より作図。樋口（1985）。

図 33　三宅島のサルトリイバラ。とげが少ないのが特徴。

きる種の数が少なくなる。

三宅島の生物の特徴

長い期間にわたって孤立してきた三宅島には、本土などにすむ同種や近縁種とは異なる形態や生態をもつ生物がくらしている。植物では、葉や実が大型化する傾向がある。ガクアジサイ、タマアジサイ、ハコネウツギ、エゴノキ、キブシ、ムラサキシキブなどにその例を見ることができる。葉や実のこの大型化が何にもとづくものかはよくわかっていないが、温暖な海洋性気候のもとに生育していることと関係があるようだ。

とげをもつ植物のとげが小さくなっていることも目につく。タラノキ、カラスザンショウ、サルトリイバラなどがその例だ（図33）。個体によっては、とげが消失しているものもある。おそらく、シカなどの草食哺乳類が分布していないことから、食べら

図 34　本土（左）と三宅島（右）のヤマガラのひなの餌ねだり行動。Higuchi and Momose（1981）にもとづいて描く。イラスト：箕輪義隆。

れることに対する防御策としてのとげが発達する必要がなくなっているものと思われる。

鳥類では、ヤマガラの繁殖習性に次のような違いが見られる。まず、三宅島のヤマガラは、本土の別亜種のヤマガラより巣の中に産み込む卵の数が少ない傾向がある。本州のヤマガラが六、七個産むのに対して、三、四個しか産まないのだ。次に、島のヤマガラは子育ての期間が非常に長いという特徴がある。本州のヤマガラがせいぜい二週間前後なのに対して、その三、四倍以上も育てていることがある。それと関連して、ひなは親鳥におおげさな身ぶりでいつまでもしつこく食物をねだる（図34）。島のヤマガラが見せるこうした生態、行動上の特徴は、海洋性の温暖な気候のもとで生活していることと関係している。つまり、一年を通じて比較的温暖な島では、冬の間に寒さや食物不足で死ぬ鳥が少ない一方、主食にしている昆虫が春になってもあまり大量には発生しない。そこで、春に親鳥がひなを育てるのに利用できる食物の量は、一つがいあたり、本土の場合に比べて少しでしかない。したがって、親鳥はたくさん卵を産んでも、かえったひなを全部育てることはできないので、少しの卵しか産まなくなったのではないかと思われる。またひなの方は、親鳥にしっかり育ててもらうために、おおげさな身ぶりでしつこく食物をねだり、いつまでも親のもとから離れないようになったのだろうと思われる。

托卵相手の幅が拡がるホトトギス

島の生物の特徴でとくに注目されるのは、近縁種がいないことに応じて生態や行動が変化することだ。たとえば、三宅島にはエナガがおらず、本州などで秋冬期にふつうに見られるシジュウカラとエナガの混群は見られない。両種がともにいる地域では、シジュウカラはエナガと共通のリリリ、あるいはリュリュリュリュという声を出しながら、群れになって移動する。群れのつながりを保つ役割をもつ声であるようだ。しかし、三宅島では、シジュウカラがこの声を出すことはない。エナガと混群をつくることがないため、発達させていないのではないかと思われる。

もっとはっきりした例は、ホトトギスの托卵習性に見られる。日本の本土では四種のカッコウ類が繁殖する。ホトトギス、カッコウ、ツツドリ、ジュウイチの四種である。これらのカッコウ類では、宿主となる鳥の種が一部重複はあるが、それぞれ異なる傾向がある。一方、三宅島をふくむ伊豆諸島には、カッコウやツツドリ、ジュウイチは渡ってくるがいつかず、ホトトギスだけが繁殖する。ホトトギスは本土では主にウグイスに托卵するが、三宅島ではウグイス以外にイイジマムシクイやウチヤマセンニュウにまで宿主の幅を拡げている（図35）。本土ではムシクイ類はツツドリに、センニュウ類はカッコウに托卵される。

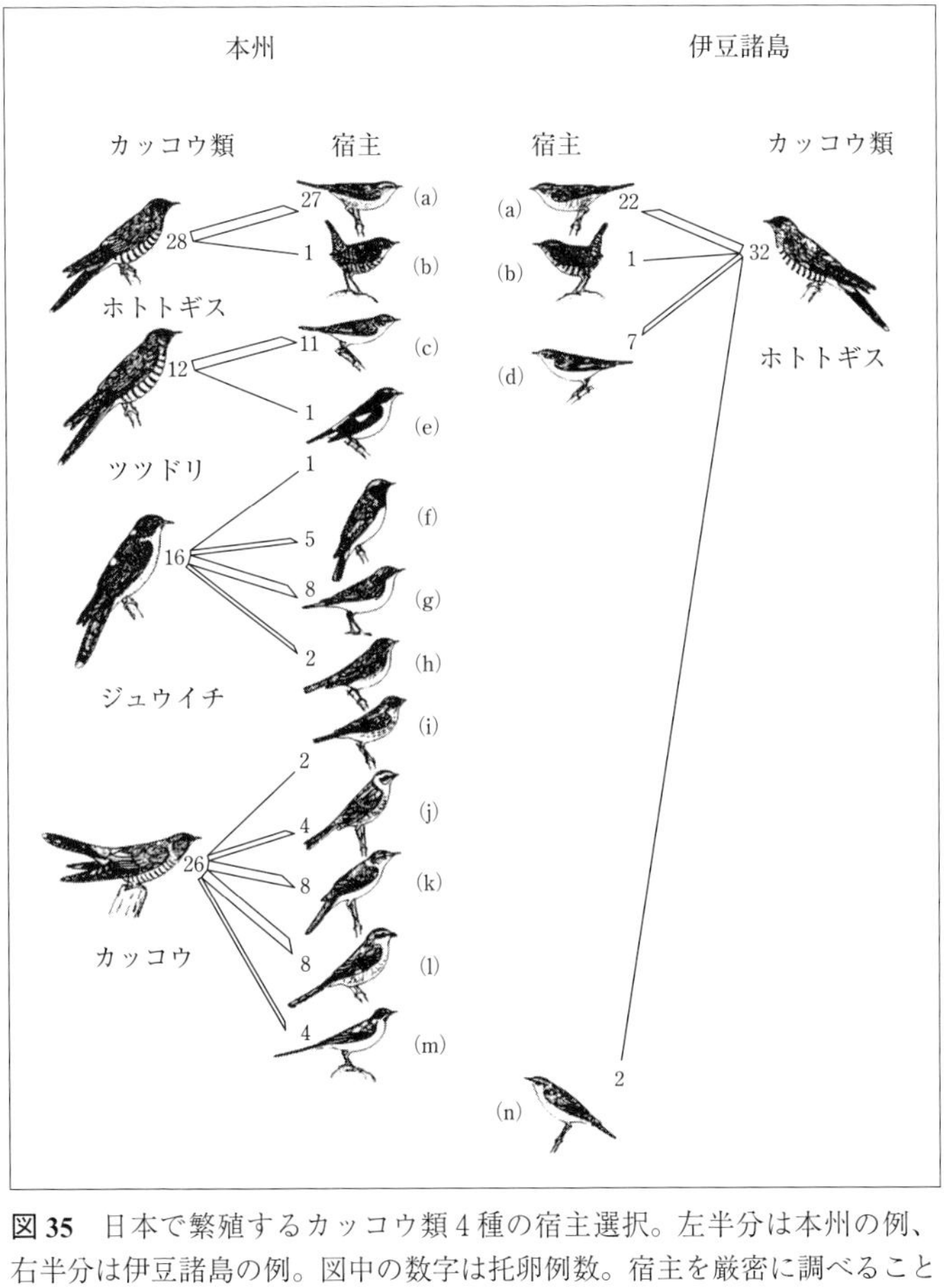

図 35　日本で繁殖するカッコウ類 4 種の宿主選択。左半分は本州の例、右半分は伊豆諸島の例。図中の数字は托卵例数。宿主を厳密に調べることのできた例だけを対象にして描く。宿主：(a) ウグイス、(b) ミソサザイ、(c) センダイムシクイ、(d) イイジマムシクイ、(e) キビタキ、(f) オオルリ、(g) コルリ、(h) ルリビタキ、(i) アオジ、(j) ホオジロ、(k) オオヨシキリ、(l) モズ、(m) キセキレイ、(n) ウチヤマセンニュウ。Higuchi (1998)。

この例は、近縁のカッコウやツツドリがいないことに応じて、それらの分までホトトギスが宿主の利用範囲を拡大したものと考えられる。ただしこの場合、宿主の利用範囲は拡がっても、産み込む卵の色は、主要な宿主であるウグイスの卵色と同じチョコレート色、一色である。イイジマムシクイは白色無斑の卵を産むのだが、色がまったく違う卵が托卵されても気にせず、温め続ける性質をもっている（図36）。イイジマムシクイに限らずムシクイ類は一般に、同じ性質をもっているようだ。色にうるさくないというか、心が広い！　というか、ともかく島のホトトギスにとってはありがたい存在だ。

イタチが島の生態系に与えた影響

もともと肉食性の捕食者がいなかった地域にそれらが入ると、地域の生態系に甚大な影響が及ぶ。三宅島に移入されたイタチは、きわめて残念なことではあるのだが、それを見事に実証した。

三宅島では、一九七〇年頃からネズミによる農林業上の被害が著しくなってきた。そこで、三宅村は防除対策として、ネズミの天敵となるイタチ（ニホンイタチ）を放獣したい旨の要望を東京都に提出した。一方で、イタチの放獣によって島に生息する貴重な生物を減少させることが予想され、島の内外で賛否両論が対立した。この対立の妥協案として、増殖が期待されない雄個体だけを対象とした二〇頭の放獣が、一九七六年から七七年にかけて実施された。しかし実際には、イタチの放獣はその後も実施され、おそらく一九八二年頃に雌雄合わせて二〇頭前後が放獣されたと推定されている。

図 36　ホトトギスに赤い卵（中央）を産み込まれたイイジマムシクイの巣（上）とそこで卵を温めるイイジマムシクイ。伊豆諸島三宅島。撮影：津村　一（上）、菅原光二（下）。

その結果、イタチの個体数は急激に増加した。一九七七年から一九八五年までの一日あたりのイタチの目撃頻度は、一九八一年まではゼロであったが、一九八三年には〇・一三、一九八四年には〇・一八、一九八五年には〇・七〇となった。その後、一九八六年から一九八九年までの記録はないが、一九九一年には三・六五にまで増加している（長谷川 1986）。

イタチの導入はネズミを減らすことには貢献したが、同時に島にすむいろいろな生物にも影響を及ぼした。オカダトカゲは伊豆諸島に多数生息するトカゲで、イタチ放獣前までは三宅島にきわめて高密度で生息していたが、一九八三年から減少を始めた。長谷川（一九八六）の調査結果にその後の資料を加えて示すと、一九八三年以前は多少の変動はあるものの、一時間あたりの歩行調査で二〇〇頭近く目撃することができた。その後、八四年を過ぎてから急激に減少を始め、八五年には三〇頭、八六年から八九年までの記録はないが、九〇、九一年にはほとんど観察されなくなってしまった。現在は絶滅かそれに近い状態にある。オカダトカゲは地上徘徊性で、しかも動きがあまり速くないため、イタチの恰好の獲物になってしまったものと考えられる。

オカダトカゲの消滅は、タカ類のサシバをも消滅させた。サシバは春四月に三宅島を訪れて繁殖する。両生・爬虫類を主食とする鳥で、三宅島ではオカダトカゲを主にとって食べていた。ひなに運んでくる食物を調べた限りでは、九〇パーセント以上がこのトカゲだった。トカゲが高密度で生息しているのに対応して、このタカも島のあちこちでふつうに見られた。しかし、オカダトカゲの減少にともなって急速に姿を消し、一九九〇年代には見られなくなってしまった。イタチの導入によって、食物連鎖の構造が大きく変わってしまったことになる。

国の天然記念物アカコッコも、急激に減少した。調査路一キロ×五〇メートルあたりの繁殖時期の観察個体数は、一九八〇年頃までは三〇羽前後であったが、第二回目の放獣後八年目にあたる一九九〇年には六・七羽、九一年には一・一羽にまで減少した。現在では、三〜五羽、あるいはそれ以下しか観察されない。

アカコッコ以外で減少が著しい鳥類は、コジュケイ、ヤマシギ、オオミズナギドリなどである。コジュケイは一九七〇年代までは高密度で生息していたが、現在ではその当時の一〇分の一程度の密度になっている。ヤマシギもイタチ放獣前には普通種であったが、現在ではほとんど観察されない。

オオミズナギドリは現在、三宅島では繁殖していないと考えられる。オオミズナギドリは海鳥で、繁殖の時期だけ島に上陸して営巣する。未明に幹をよじ登って大木の上の方まで行き、そこから飛び降りて海上に出る奇妙な習性をもつ。魚を主食にしており、近隣海域で採食する。三宅島で繁殖するオオミズナギドリの数は、この鳥の繁殖地として知られる南隣りの御蔵島と比べると明らかに少なかったが、この鳥の消滅を通じて、イタチによる影響は近隣の海の生態系にも及んだといえる。

アカコッコ、コジュケイ、ヤマシギは、地上性の強い鳥なので、採食中あるいは営巣中に捕食されることが多かったのではないかと思われる。オオミズナギドリは海鳥であるが、森林内の地表付近に穴を掘って巣をつくるため、営巣中にイタチに襲われたのではないかと思われる。

イタチによる捕食は、巣の中の卵やひなにも及んだ。アカコッコについては、イタチ放獣の前後で繁殖成功率（産卵総数に対する巣立ちひな数の百分率）を調べた研究がある（高木・樋口 1992）。それによると、放獣前の一九七三年には八五パーセント、第一回目のイタチ放獣後の一九七八〜一九八〇年には七一〜七八パーセントであったが、一九九一、九二両年の平均では七・三パーセントにまで落ち込んだ。九一、九二両年の内訳をいうと、発見した巣の合計二五巣、産卵総数八二個のうち巣立ちにまで至ったのは三巣、六卵にしかすぎなかったのである。実際、アカコッコやコゲラなどでは、巣がイタチに襲われている現場が観察されている。巣の中にいるひなは、移動することのできない肉のかたまりであるため、イタチの恰好の獲物になってしまったのだろう。

イタチの存在は、鳥の行動をも変化させた。その好例はアカコッコである。かつてアカコッコはとても人おじしない鳥で、畑や路上などでごく身近に見ることができた。人の歩く少し前を、距離を保ちながらちょこちょこ移動していくことも珍しくなかった。しかし、現在ではそうした光景を見かけることは少なくなり、また人が近づける最短距離もずっと遠くなった。イタチによる捕食の影響で警戒性が強くなったものと思われる。一方、イタチの存在により、ウグイスなどは巣を高い位置につくることにもなった（Hamao and Higuchi 印刷中）。地上にいるイタチから巣を見えにくくするためではないかと考えられる。

二〇〇〇年噴火を体験する

二〇〇〇年の六月二六日夕刻、三宅島北部の神着。私は島に住む津村 一さん、山本 裕さんと食事をしながら、島の鳥や自然について語り合っていた。突然、テレビの画面の片隅に、「三宅島で噴火のおそれあり」という警告文が流れた。私たちはびっくりした。身のまわりでは何も起きていなかったからだ。番組は民放だったので、NHKに変えてみたが、そこでは何の警告も流れていなかった。

知人の一人が村役場に連絡して、真偽のほどを確かめた。「噴火のおそれあり」は真実だった。島の南部では、すでに火山性の地震が頻発しているのだという。知人らは対策にあたる消防団などに加わるために、建物から跳び出していった。その後、二、三時間経ってから、私のいる北部でも地震が頻発し始めた。下から突き上げるような地震が分単位でやってくる。深夜になってからも地震はおさまる気配がない。家の中にいたのでは、いつ天井が落ちてくるかわからない。仕方なく外に出て、段ボールを拡げて寝る準備をした。が、突き上げてくる振動で、とても眠れる状態ではない。

こうして私は、二〇〇〇年噴火の前兆を経験した。今でも、あの突き上げる地面の感触を忘れない。実際の噴火は七月八日に始まり、大規模な噴火が八月まで続いた。その後、二〇〇〇年九月上旬から二〇〇五年二月はじめまで、島民はすべて、島外への避難を余儀なくされた。火山ガスの噴出は二〇一二年八月現在まで続いている。

今回の二〇〇〇年噴火は、いくつかの点でこれまでの噴火とは異なっている。過去五〇〇年ほどの間に起きた噴火では、主に山腹に割れ目が入り、溶岩を噴出する割れ目噴火や、溶岩の一部が海岸付近の地下水に触れて生じるマグマ水蒸気爆発だった。噴出する火山灰は、黒色や暗褐色をした小粒状のスコリアであり、マグマ水蒸気爆発は、局所的ではあるが大きな破壊力によって新澪池などを消滅させた。これらの噴火は、地下からのマグマの供給により約二〇年の周期で発生し、地震が多発してから噴火開始まで二時間ほどであった。また、噴火——火山活動そのものは、一〜二日で終息することが多かった。

二〇〇〇年の噴火は山頂部で発生し、中央火口が大きく陥没した（図37）。陥没火口は直径一・六キロ、深さ五〇〇メートルにも達している。この結果、島の最高点の標高は八一四メートルから七七五メートルまで四〇メートルも落ち込んだ。同時に、粒子の細かい灰褐色の火山灰が大量に噴出し、低温火砕流も発生した。地震の頻発開始から実際の噴火までは一二日、大規模な噴火が二か月間にわたって何度も発生した。頻発地震は三か月近く続いた。二酸化硫黄を中心とした火山ガスは、今日に至るまで大量に放出されており、放出量は多い時期には一日あたり二〜四万トン、少なくなった今日でも数千トンほどに及んでいる。こうした規模の大きさから、二〇〇〇年噴火は、二〇〇〇〜三〇〇〇年に一度のものと考えられている。

噴火によって島の自然はどう変わったか

私は研究仲間とともに、噴火の翌年、二〇〇一年の二月から継続的に、噴火による島の生態系への影響とその後の回復過程を調査してきている。これまでの結果の概要を紹介しよう。

空から三宅島を見下ろすと、標高五〇〇メートルから上の森林は木々がなぎ倒され、崩壊している。五〇〇メートルより下では、下に行くほど森林が徐々に姿を留め、緑の量が次第に増加している状態

図 37　2000 年の噴火によって大きく陥没した三宅島・雄山山頂。

図 38　噴火後、幹から直接葉を出すオオシマザクラの胴吹き。

が認められる。標高一〇〇メートル以下の都道周辺では、森林は噴火前とほとんど変わらず、緑が色濃く残っている。山腹でも、都道周辺でも、スギやヒノキなどの造林地の多くは、降灰や火山ガスなどの影響を受けて赤茶色に変わっている。

噴火から一、二年後には、標高四〇〇メートルほどから下の森林では、木々が幹から直接葉を出している「胴吹き」の様子が見てとれた（図38）。胴吹きは緊急時の植物の生き残り作戦であるようだ。とくに、オオシマザクラやハチジョウイボタ、オオバエゴノキやヒサカキで胴吹きが目立っていた。胴吹きが見られる木々の割合は、標高が低くなるほど高くなり、やがてふつうに葉をつけた森林へと移行する。

しかし、これら胴吹きの多くも、噴出し続ける火山ガスの影響を受けて消滅し、四、五年後には、山腹に残っていた高木の大部分は枯れて倒れてしまう。一方、ハチジョウイタドリ、ハチジョウススキ、オオシマカンスゲなどの草本はたくましく、火山灰に埋もれた根や茎から再生してきている。場所によっては、これらの草本が立ち枯れた林の地表を一面におおっている。さらに注目すべきは、季節風などによって火山ガスが流入しやすい島の東部などを中心に、ユノミネシダというシダ類が壊滅した森林の地表に密生している（図39）。この植物は、噴火前にはほとんど見かけなかったものだが、火山ガスの存在をむしろよしとして繁栄しているらしい。もっとも、火山ガスそのものに強いだけでなく、ガスによってほかの植物が消滅したあとの土地に繁茂することができている、というのが実情のようだ。

図39　ユノミネシダ。噴火後、ほかの多くの植物が減少、消滅する中、急増した。

鳥の世界は、生活の場である森林の被害の状況に応じて変化している。標高四〇〇メートル以上のところでは、鳥の姿を見ることはまれである。標高四〇〇メートル付近から山を下ってくると、森林の緑の多さに応じて鳥の種数や個体数が増加する様子が見てとれる。緑が多ければ食物となる昆虫も多く発生し、鳥も多くすめるのではないかと思われる。この傾向自体は今日まで変わらないのだが、おもしろいことに、ここ数年、緑の多さと鳥の多さの関係を示す直線の傾きが変化してきている。緑の量が同じでも、鳥の密度が高くなってきているのだ。植生の質が変わる中で、食物となる昆虫の種構成や密度が変化しているのではないかと思われるが、くわしいことはわからない。

野外調査による個体密度と航空写真や衛星画像による環境区分面積の関係から、噴火前後の鳥の個体数の比較を試みた研究がある（藤田ほか 2005）。それによると、噴火後二、三年経った二〇〇二／〇三年時点では、ヤマガラのような森林性の強い鳥、あるいはウチヤマセンニュウのような草原性の強い鳥は、島全体で噴火前の二分の一ほどに減ってしまったと推定されている。

都道沿いにある低地部分、たとえば島の南部にある太路池の森林では、噴火後最初に迎えた冬には、アカコッコ、ヤマガラ、カラスバトなど、島を代表する鳥の姿が目につかなかった。だが、一年後の春から夏にかけては、多くの鳥の密度が噴火前とほとんど変わらない程度にまで回復し、そのまま大差なく現在に至っている。

噴火による鳥への影響で、とくに注目すべきことがほかに三つある。ひとつは、全島避難にともなうスズメの消滅、二つめは立ち枯れた林にすみつくイイジマムシクイの存在、三つめは毛虫の大発生にともなうツツドリの増加である。

スズメの消滅は、噴火後最初に訪れた二〇〇一年二月に認められた。島内のいくつかの集落を歩いてみたが、スズメの姿はまったく見られなかった。人もいない、スズメもいない、何もいない集落を歩くのは、とても奇異であり、不気味ですらあった。スズメは常に人と近い距離のところで生活する鳥で、長野の山村などでは人が離村するとともに姿を消すことが知られている。三宅島でも前年九月に全島民が離島したことにともなって、スズメも姿を消したのではないかと思われる。ただし、二〇〇一年五月の調査では、少数ながら島に戻ってきているのが観察された。もっともこの頃から、復旧工事などで島に入る人の数も増えていた。

二つめのイイジマムシクイについては、目を疑うような状況が展開されている。このムシクイは代表的な森林性の小鳥で、よく茂った林ほど多くの個体がすみついている。林内では、枝葉の間を細かく動きまわりながら、ガやチョウの幼虫などをとって食べる。噴火後も森林が残る場所ではその通りなのだが、標高三〇〇メートル以上の、木々が火山灰や火山ガスで立ち枯れてしまっているようなところにも少なからずいるのだ。木々にはもちろん枝葉はまったくないのに、そうしたところで活発にさえずり、動きまわっているのである。もし噴火前であれば、こうした光景は絶対に見られない。

どうしてこのような荒廃した環境にこのムシクイがいるのか、まだよくわかっていない。しかし、あとで述べるが、立ち枯れた木々には朽木を好む昆虫が大発生しており、この豊富な食物資源を利用しながら生活しているのではないかと思われる。が、もしそうだとしても、食物だけがあれば枝葉などなくともすみつくなどということは、通常のこの鳥の生態からはとても想像できないことだ。

三つめのツツドリの増加も興味深い。先に述べたように、カッコウ類のツツドリは三宅島をふくめて伊豆諸島では繁殖せず、通過するだけである。毎年、四、五月に、島全体でせいぜい一、二羽が見られる程度だ。ところが、噴火二年後の二〇〇二年の五月には、島のあちこちで一〇羽前後が観察され、しかも滞在が五月末にまで及んだのだ。

これはこの年、昆虫のマイマイガが島で大発生したことと明らかに関係がある。ツツドリは、マイマイガの幼虫のようないわゆる毛虫を好んで食べる。おそらくそうした好みの食物が豊富に存在したために、長く滞在する個体が増えたのではないかと思われる。マイマイガが大発生したのは、火山活

図 40　ヤブツバキの花。三宅島の冬を象徴する花だ。

動、とくに絶えない火山ガスの噴出によって木々の健康が損なわれたことと関係しているようだが、くわしいことはわからない。

マイマイガの大発生に見られるように、昆虫の世界の変化はきわめて著しい。とくに注目に値するのは、イズアオドウガネなどのコガネムシ類や、フタオビミドリトラカミキリなどのカミキリ類だ。これらの増加は、それらの食物資源の急増と関係している。イズアオドウガネは、噴火後に裸地などに大量に再生してきたイタドリやススキなどの草本の根を幼虫が好んで食べて増加した。山腹のある地点では、夜間に設置したブラックライトに二〇〇〇匹もが引き寄せられた。フタオビミドリトラカミキリは、大量に立ち枯れた木々の材を幼虫が食料とし、大発生した。こちらも、日本のどこでも記録されていないほどの数が記録されている。興味深いことにカミキリ類は、樹木の枯死の進行状態によって異なる種が大発生と消滅を繰り返している。くわしくは、日本生態学会誌六一巻二号（二〇一一年）の三宅島関連特集を参照されたい。

このように、噴火によって島の自然はさまざまに大きく変貌している。島全体として見てみると、かつてのすばらしく美しい、豊かな自然のおもかげはない。

しかし今でも私は、三宅島を訪れるたびに、この島の自然に感動している。島の上部はたしかに壊滅的な打撃を受けているが、下方に拡がる自然はしっかりと息づいている。そこでは春から夏にかけて、森の中から小鳥たちのさえずりが降り注いでくる。森のたたずまいも以前と変わらず、林床にはガクアジサイやタマアジサイの清楚な花々が咲き乱れる。森の中を歩いていると、大きな木々と鳥たちのにぎやかなさえずりに体全体が包まれる思いがする。冬には、ヤブツバキの花があちこちに咲き（図40）、メジロやヒヨドリが多数訪れる。

やがて火山ガスの噴出はおさまり、三宅島の自然は、またもとに戻っていくに違いない。下方から上方へと緑のじゅうたんが拡がり、それにつれて鳥たちの世界も回復していくことだろう。ひょっとすると、噴火によってできた複雑な地形の中に、以前よりも美しい森や湖が現れ、より多くの鳥たちがすみつくことになるかもしれない。今後、三宅島は、私たちに島の自然の成立のあり方について多くのことを教えてくれることだろう。そして私たちは、それらを学ぶことによって島の自然のすばらしさをより強く体感することになるだろう。

よみがえれ、三宅島の自然！

第7章——放射能汚染が鳥類の生活に及ぼす影響

——チェルノブイリ原発事故二五年後の鳥の世界

二〇一一年三月一一日に発生した巨大地震とそれにともなう津波により、福島第一原子力発電所から大量の放射性物質が放出された。今なお事故の後遺症に悩まされる中、あるいはこの事故がほんとうに終息したのかさえよくわからない中、私たちの健康や食生活についての心配はぬぐい去ることができていない。

放射能の影響は、私たちの健康や今後の生活にどのように影響するのだろうか。また、私たちの生活をさまざまに支える自然や生きものの世界には、どのような影響を及ぼすのだろうか。残念ながら、これらの答はまだ得られていない。また、今後どのように得られるのかもよくわかっていない。放射能の影響は今後長い年月にわたって及ぶので、仮に現状を知ることができたとしても、それだけでは明らかに不十分である。

この章では、これらの問題への参考になる事例として、旧・ソ連（現・ウクライナ）のチェルノブイリ原発事故が生物多様性や生態系に及ぼした影響、とくに鳥類の繁殖や生存などへの影響についての研究事例を紹介する。紹介するのは、フランスのピエール&マリー・キュリー大学（パリ第一一大学）のメラー（Anders P. Møller）教授らの研究グループによる一連の研究である。鳥類をとくにとりあげるのは、メラー教授らの研究が鳥類中心に行なわれているからであり、また、後述のように、放射能の影響が鳥類に現れやすいからである。

チェルノブイリ原発事故とメラー教授らの研究

チェルノブイリの原発事故は、一九八六年四月二六日、チェルノブイリ原子力発電所で起きた。この事故により、放射性降下物がウクライナ、白ロシア（ベラルーシ）、ロシアなどの広範囲な地域を汚染した。

放出された放射性物質の量は、五二〇〇万テラベクレルと推定されている（福島原発で事故後数日内に放出された量は七七万テラベクレル）。放射能汚染による影響は現在もなお続いており、原発から半径三〇キロ以内の地域での居住は禁止されている。原発から北東へ向かって約三五〇キロの範囲内には、ホットスポットと呼ばれる局地的な高濃度汚染地域が約一〇〇か所にわたって点在する。

メラー教授らは、立ち入り制限地域から周辺域に沿って、ツバメをはじめとしたいろいろな鳥類を対象に遺伝、生理、生態などの諸形質を調べている。調査は観察や捕獲によるもので、個体を殺傷せずに行なっているところに研究上の特色がある。

図 41　正常のツバメ（左）と原発事故後にチェルノブイリ周辺で発見された部分白化ツバメ（右）。Møller and Mousseau (2006)。

生物への影響は、人間の健康への影響を探るよい指標ともなる。人間の場合には、放射能汚染が経済活動の低下などから地域の貧困をもたらし、それが健康を損なうことにつながることがある。したがって、放射能の直接の影響を評価するのがむずかしい。動植物の場合には経済や貧困などがかかわることはないので、生物学的な影響を直接探るよい指標となるのである。メラー教授らの研究は、そのような点でも注目すべき内容となっている。

遺伝、生理、生活史形質などへの影響

チェルノブイリの高濃度汚染地域で調べられたツバメでは、血液や肝臓中のカロチノイドやビタミンAやEといった抗酸化物質の量が、対照地域と比べて有意に減少している(Møller *et al.* 2006)。抗酸化物質の減少は、雄の精子異常や羽色の部分白化などをもたらす可能性がある。実際、チェルノブイリのツバメでは、部分白化個体の割合が原発事故前にはゼロであったのに対して、事故後には一〇〜一五パーセント

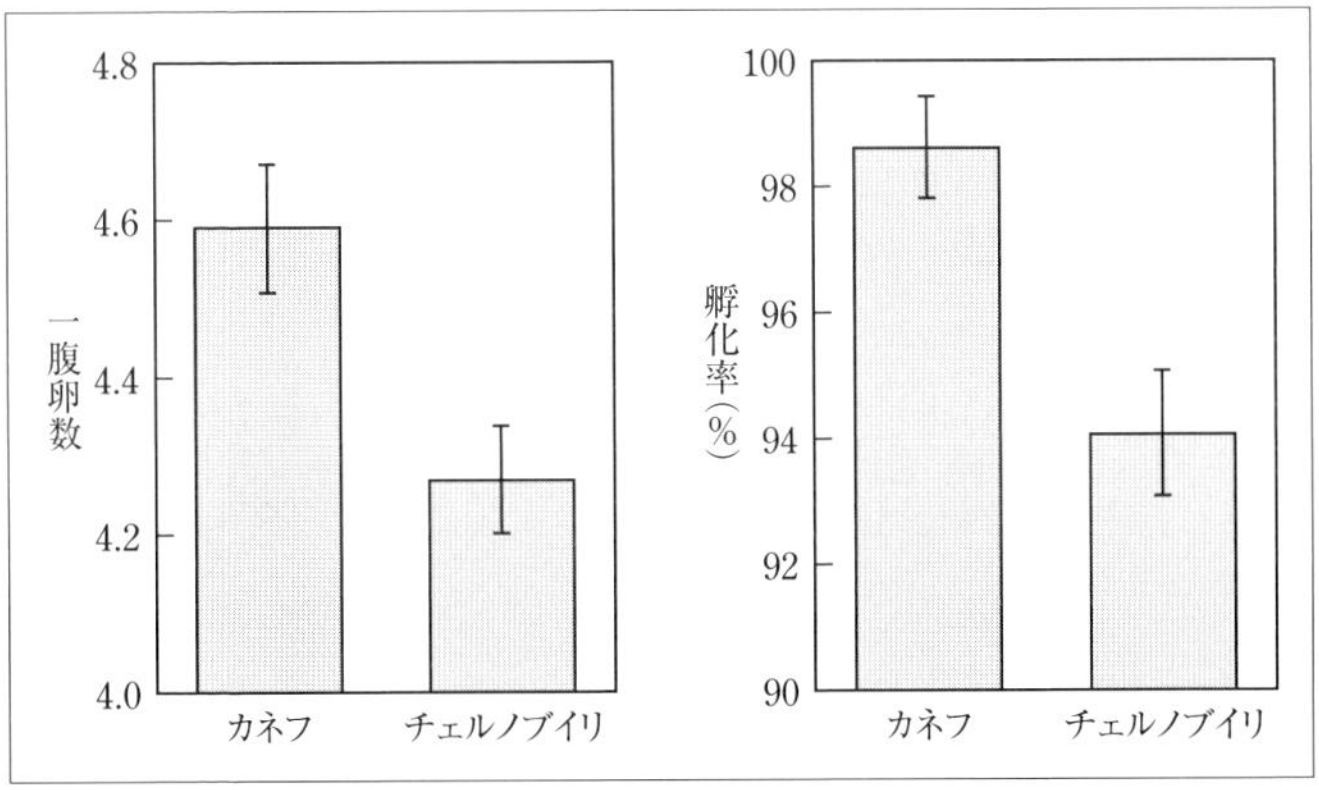

図42　チェルノブイリとそこから220キロ以上離れたカネフにおけるツバメの一腹卵数と孵化率（平均±標準誤差）。Møller *et al.*（2005）より改変。

に増加している（図41）。部分白化がより著しい個体ほど、つがい形成率は低い（Møller and Mousseau 2003）。雄の喉などの白化は、雌によるつがい選択に負に影響するからである。チェルノブイリのツバメでは、白血球数や免疫グロブリン量の減少、脾臓容積の減少なども認められている（Camplani *et al.* 1999）。これらの減少は、免疫機能の低下を示唆している。

生活史形質の変化については、チェルノブイリ汚染地域とそこから二二〇キロ以上離れたカネフで、やはりツバメを対象に調べられている（Møller *et al.* 2005）。チェルノブイリのツバメは、二三パーセントの雌が非繁殖個体で、繁殖のための抱卵に必要な抱卵斑をもたない。このような状況はほかの地域では見られない。汚染地域では一腹卵数や孵化率も有意に減少している（図42）。生存率は、カネフと比べて雄で二四パーセント、雌で五七パーセント減少している。既知の成鳥の生存率や分散率などの情報にもとづくと、一九八六年の事故以降、チェルノブイリへの移入率は他地域への移入率よりも高くなっていると推定できる。羽毛を用いた安定同位体分析でも、原発事故以降、より広範囲の地域から移動があったことが示唆されている（Møller *et al.* 2006）。

こうした生活史形質の変化をもたらす仕組としては、次のようなことが考えられる。前記のように、放射能汚染はカロテノイドやビタミンＡやＥなどの抗酸化物質の量を減少させる。抗酸化物質は、遊離基によって引き起こされるＤＮＡなどの分子の損傷を防ぐ役割をもつ。雌の繁殖は、抗酸化物質の量によって制限される。したがって、放射能汚染による抗酸化物質の減少は、鳥の繁殖時期、一腹卵数、生存率などに影響を及ぼすことになるのである。

環境中の放射能の量と単位面積あたりの鳥の種数や個体数を調べた研究では、種数、個体数、種あたりの個体数のいずれも放射線量の増加にともなって減少している（Møller and Mousseau 2007）。とくに、土壌中の無脊椎動物を主食にしている鳥の減少が著しい。土壌汚染による影響がより強く現れているためと思われる。また、五七種の異なる生活史をもつ鳥を対象に調べた結果では、長距離の渡りや分散をする種、大卵多産の種、カロテノイドによる羽色をもつ種などで減少が著しいことがわかった（Møller and Mousseau 2007）。これらの鳥は移動、卵生産、色素形成などに多量の抗酸化物質を消費するためであると考えられる。抗酸化物質の大量消費は、鳥の繁殖や生存などに影響を及ぼす。

最後に、メラー教授らは脳容積への影響も調べている（Møller *et al.* 2011）。といっても、鳥を解剖して調べたのではなく、捕獲した鳥の頭部を中心に体サイズを細かく計測して推定した結果である。

さまざまな種を対象に調べているが、総じて汚染の著しい地域ほど鳥の脳容積は減少する傾向にある。脳容積の減少は、生存力の減少を示唆している。減少の程度は種によって、あるいは年齢によって違いがある。年齢については、若い個体の方が影響を受けやすい傾向がある。

鳥類以外への影響

メラー教授らは、鳥類以外の動物、および植物への影響も調べている。クモの巣網の数、バッタ、トンボ、ハチ、チョウ、両生類、爬虫類、鳥類、哺乳類それぞれの個体数（密度）と環境中の放射線量との関係を調べた結果では、地域の放射線量の増加に対してどの分類群の密度も減少する傾向がある。とくに鳥と哺乳類で減少の程度が顕著である。鳥と哺乳類には影響が出やすいといえる。哺乳類では調査が容易ではないことを考えると、鳥が放射能の影響を知るよい指標動物といえる。

植物については、環境中の放射線量の増加にともなって花粉の形態異常や花粉退化の頻度が増加している（Møller 私信）。影響の程度はやはり種や分類群によって異なり、ゲノムサイズが小さい植物ほど異常を示す個体の割合が高い。

福島原発事故への今後の対応

以上のように、チェルノブイリの原発事故は生物多様性や生態系にさまざまな影響を及ぼしている。生物多様性や生態系への影響は、単に自然や生きものの世界のできごとに留まらず、私たち人間の生活にもかかわる重大な問題である。人間はさまざまな形で、自然や生きものの世界から恩恵を受けているからである。食物や水の提供、気候の安定、心身の安らぎなど、いわゆる生態系サービスと呼ばれる恩恵である。また、生物への影響は人間の健康への影響を探るよい指針にもなるのである。

二〇一一年三月に起きた福島の原子力発電所の事故も、今後、さまざまな形で生物多様性や生態系、そして私たちの生活に影響を及ぼしていくことが予想される。影響はおそらく国内だけでなく、海外にも及ぶと考えられる。それがどんなものであるか、私たち日本人は責任をもってモニタリングしていく必要がある。チェルノブイリでの研究成果を参考にしながら、以下のような提言をしておきたい。

まず、原発事故の起きた地域からおそらく二〇〇キロ圏内くらいまで、いろいろな分類群を対象に放射能汚染による個体数などへの影響を調査する必要がある。そうした中で、モニタリングに適した指標生物を選定していき、それら指標生物を中心にその後の動向を長期にわたって調査する。対象生物を選定するにあたっては、生きものどうしのつながり、生物間相互作用にも配慮する必要がある。同時に、個体数の減少にかかわる突然変異率、生存率、繁殖率などについて、汚染による影響をくわしく調査する必要がある。

福島原発関連で重要なのは、陸に加えて海の生物多様性や生態系への影響を調査することである。福島原発はチェルノブイリの原発とは違って沿岸部にあり、放射性物質は海にも流れ出ている。海への影響は、チェルノブイリの例から探ることはできない。新たな視点と方法によって、海の生物の個体数、突然変異率、生存率、繁殖率などを広範囲にわたって調べていく必要がある。私たち日本人は、食生活のうえで魚介類や海藻など海の生物多様性に大きく依存している。海の生物多様性や生態系への影響を探ることは、きわめて重要な課題である。

さらに海の場合には、放射性物質は空中からだけでなく海流によっても拡散する。国内だけでなく、近隣諸国の水産業などへの影響も考えなくてはならない。この点でも日本は重大な責任を負っている。

モニタリングにあたっては、長期にわたって広範囲に実施できるしっかりとした体制を構築する必要がある。また、異なる地域、異なる時期で比較できる方法の統一が重要である。継続して実施するためには、競争的資金によらない継続性のある研究費を設定する必要があるだろう。

第3部　世界の自然をつなぐ渡り鳥

第8章——渡り鳥の衛星追跡

鳥たちの多くは、毎年春と秋、数千キロあるいは一万キロを超える長距離の移動、渡りをする。しかし、翼をもたない私たち人は、鳥のあとをついていくことができず、鳥たちがどこに行くのか、またどのようにして戻ってくるのかを知ることは通常できない。鳥や自然に関心のある人たちは、渡りゆく鳥たちをながめ、夢とロマンを感じながら、鳥たちがどんな旅をしているのかに思いをはせる。そんな人たちが、たとえば毎年九月から一〇月にかけて、愛知県渥美半島の伊良湖岬や長崎県の福江島などに集まり、何千、何万ものタカ類が上空を渡っていくのを見て楽しんでいる。

一方、鳥たちは近年、渡りの過程でさまざまな環境問題に遭遇している。代表的なものとしては、森林や干潟などの生息地の破壊、農薬などの化学汚染、密猟、航空機や風力発電施設との衝突、鳥インフルエンザや西ナイル熱などへの感染、あるいは原子力発電施設の事故による放射能汚染などがあげられる。その結果、渡り鳥の多くは急激に数を減少させている。あるいは、航空機や風力発電施設への衝突や感染症への感染などは、人の産業や健康、生命などにかかわっており、人の生活をめぐる社会問題としても注目されている。

こうしたことから、鳥の渡り、とくにその経路や環境利用について知ることが、生物学的にも社会問題としても重要になってきている。鳥たちの渡りを、衛星を使って追跡するという夢のようなことが実現するようになったのは、一九九〇年前後のことである。私はこの衛星追跡に早くからかかわり、今日まで研究を継続している。この方法では、対象個体が地球上のどこにいても位置や移動を確かめることができる。しかも、ひとたび送信機を対象個体に装着すれば、あとの追跡はコンピュータ上で難なく行なうことができる。

衛星追跡の方法や得られた成果などについては、すでに『鳥たちの旅——渡り鳥の衛星追跡』（日本放送出版協会、二〇〇五年）でくわしく述べている。幸いにしてこの本は好評で、中国語版や韓国語版も出版されている。近く、英語版やインドネシア語版も出される予定だ。

しかし、出版からすでに八年が過ぎている。この八年の間に、さらにいろいろ興味深いことが明らかになってきた。また、本書を読まれる方の中には、衛星追跡についてご存知ない方もおられるに違いない。そこで、この章では、衛星追跡の仕組の概要から始めて、最近の研究成果をふくめ、鳥の渡りの実態を紹介したい。衛星追跡の技術は、年々進歩している。ここでは、最新情報を織り交ぜながら述べていく。渡りの追跡事例としては、日本と北方地域との間を行き来するハクチョウ類と、南方地域との間を行き来するタカ類の渡りをとりあげる。

衛星追跡の仕組

衛星追跡には、大きく分けて二つの種類のものがある。ひとつは、アルゴスシステムと呼ばれる位置測定・データ収集システムを利用する方式、もうひとつは、全地球測位システム（GPS; Global Positioning System）を利用する方式である。少し細かい技術面の話になるので、関心の薄い方はこの部分を読みとばしてくださってもかまわない。

アルゴスシステムで利用される人工衛星は、アメリカ合衆国の気象衛星「ノア」および欧州連合の地球観測衛星ＭＥＴＯＰなどである（図43）。これらの衛星は、地上約八〇〇キロの極軌道を一〇〇分に一回の速度でまわる。アルゴスシステムを利用する場合、まず必要なのは、対象個体に衛星用の送信機を装着することである。衛星用送信機は、鳥類用で五〜五〇グラムほど、背中や首環にとりつけられ、四〇〇メガヘルツ帯の電波を送信する。送信機から送られる電波は、衛星に搭載されたアルゴス受信装置で受信される。衛星の受信装置は、受信電波の周波数を計測し、受信時刻や受信データとともに地上の受信局に再送信する。地上の受信局に送られた情報は、フランスなどにある世界情報処理センターに転送されたのち、緯度と経度の位置情報などに変換される。これらの情報は、インターネットなどを通じて研究者のもとに送られる。衛星が電波を受信してから位置情報などが得られるようになるまで、早ければ二〇〜三〇分である。

アルゴスシステムによる衛星追跡では、取得できる位置の精度があまり高くない。位置の精度は、

図 43　衛星追跡の仕組。イラスト：重原美智子。

送信機の送信周波数の安定性、衛星が送信機上空を通過する一〇分前後の間に電波を受信した回数などによって毎回異なり、クラス一、二、三、〇、A、Bに分けて表示される。静止しているものの場合、クラス一、二、三それぞれの精度（測定誤差）は、五〇〇〜一五〇〇メートル、二五〇〜五〇〇メートル、二五〇メートル未満である（アルゴスオンラインマニュアルより）。クラス〇の精度は一五〇〇メートルを超え、上限は特定されていない。クラスA、Bはさらに精度が悪く、使用するかどうかは、時間と移動距離などにもとづいて判断される。したがって、この方式による追跡は、数キロの狭い範囲内を移動する動物の追跡には向いていない。

アルゴスシステムによる衛星追跡では衛星使用料がとられる。料金は国によって異なり、日本の場合は一日一台あたり一五〇〇〜二〇〇〇円ほどである。送信機の電池寿命は、設定によって異なるが、数か月から一年といったところである。太陽電池方式の送信機もあり、この場合には電池寿命は二〜三年、長ければ四年ほどである。

もうひとつの衛星追跡、GPSを利用する方式は、アルゴスシステムと違って、衛星からの電波を受信することによって位置を測定する。したがって、装着される機器は送信機ではなく、受信機である。GPSによる位置測定はいわゆる三角測量の原理を利用し、三つないし四つの衛星を基準点として使用する。それらの衛星から発信される電波が受信機に届くまでの時間を測定することによって、各衛星からの距離をもとに交点を求め、それを受信機の位置とするのである。

GPS方式は、多数の衛星を利用することと関連して、一般にアルゴスシステムより位置精度が高い。静止位置の測定誤差は、数メートルから数十メートルと推定される。また、ＧＰＳ方式では衛星使用料が不要である。一方、ＧＰＳでは受信機内に位置情報が蓄積されるので、その情報をあとでとり出す必要がある。とり出す方法としては、機器自体を動物の体から機械的にはずして回収するものや、装着個体の近くから通信手段によって蓄積情報だけをとり出すものなどがある。

最近では、ＧＰＳとアルゴスシステムを組み合わせた衛星追跡機器（アルゴス・ＧＰＳ送信機）が開発されている。これは、ＧＰＳがため込んだ精度の高い位置データをアルゴスシステムによって定期的に送信するものである。アルゴスでの送信は、たとえば一週間に一度とか一〇日に一度でよいので、多額の衛星使用料を支払うことにはならない。

ＧＰＳ関連機器では軽量化が遅れている。太陽電池方式のアルゴス・ＧＰＳ送信機でも、現在、市販されている最軽量のものは二〇グラムほどある。また、ＧＰＳの利点を十分に生かした機器は三〇グラムほどもある。これらのものでは、たとえば小型〜中型のシギ類やタカ類などを追跡することはできない。鳥類につけられる機器の重量は、どのような種類のものであれ、装着具をふくめて対象種の体重の四パーセント以内におさめることが望ましい。

以下に紹介するのは、大部分がアルゴスシステムによる衛星追跡の結果である。あまり細かい話はしないので、どのシステムを使ったかの区別はしないことにする。利用した送信機は太陽電池方式のもので、多くが一〇〜二〇グラムほどの重さだ。

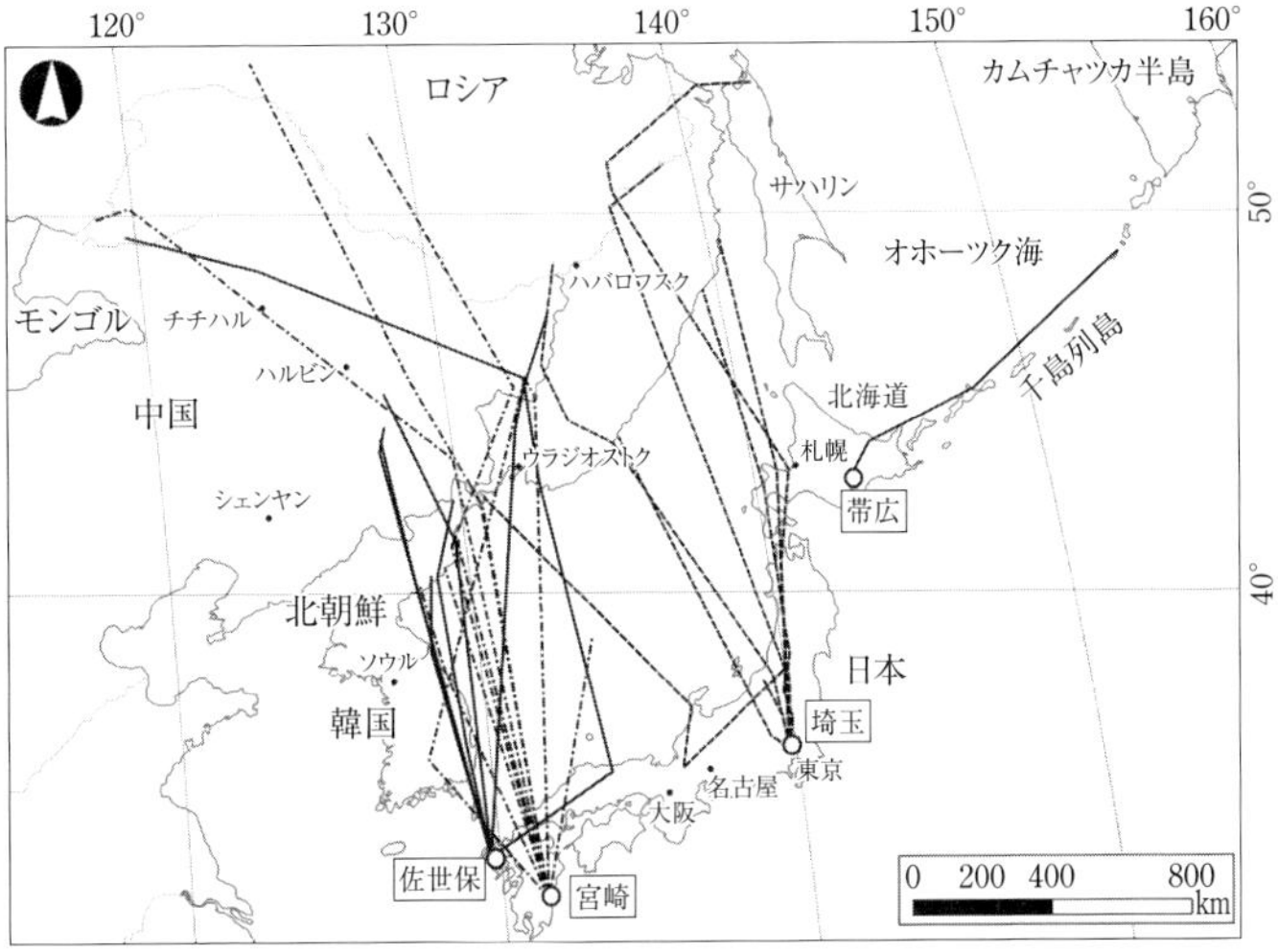

図 44　マガモの春の渡り衛星追跡の結果。2006-08 年の記録。1 本の線が 1 個体の渡り経路を示している。図 45 から図 49 まで同じ。Yamaguchi *et al.* (2008) より作図 。

カモ類の春の渡り

カモ類ではマガモとオナガガモの渡りを追跡している。カモ類の渡りは、個体によって経路も行き先もかなり散らばるのが特徴だ。以下、マガモとオナガガモに分け、春の渡りの概要を紹介したい。

　マガモについては、北海道の帯広市、本州中部の埼玉県越谷市、九州の長崎市と宮崎市から合計二七羽が追跡されている（図44）。全体として、渡り経路は、異なる越冬地から出発した個体の間だけでなく、同じ越冬地から出発した個体の間でもかなり異なる。

　まず、帯広から出発した一羽のマガモは、南千島を経由して、カムチャツカ半島方面へと移動した。埼玉県の越谷から出発した六羽のマガモは、日本海を越え、極東ロシアの南東部に到達した。一部の個体は北海道南西部を経由している。一羽のマガモはハバロフスクの北方に到達したのち、東に向きを変え、サハリンの北端へと到達した。

九州から旅立ったマガモは、日本海を越えて北方へと進んだ。予想に反して、朝鮮半島の中〜南部に上陸した個体は限られており、少数個体だけが朝鮮半島の東海岸沿いを北上した。多くの個体は、北朝鮮と中国の国境付近で滞在した。三羽のマガモは、大陸内部へと移動し、中国の内モンゴルとロシアとの国境付近に到達した。一部の鳥は、渡りの過程で急激な方向転換を行なっている。たとえば、日本海を越えた一羽のマガモは、北朝鮮東岸の北端から北方へと移動し、中国の黒龍江省北部とロシアとの国境に到達したのち西へ方向転換し、ロシアと中国の国境付近のチティンスカヤ南部へと到達している。

オナガガモについては、一〇二個体の追跡結果が公表されている(Hupp *et al.* 2011)。捕獲・放鳥地は、北海道の野付半島と十勝、岩手県の雫石市、宮城県栗原市・登米市の伊豆沼、埼玉県の越谷市、兵庫県の伊丹市だ。本州で越冬する大部分のオナガガモは、本州を北上したのち北海道へと入った(図45)。マガモと違って、日本海を越えるものはいなかった。北海道からは、サハリンあるいはカムチャツカ方面へと移動した。サハリンへと移動した多くの個体は、その後、カムチャツカあるいはオホーツク海に面したマガダン方面の中継地へと移動した。四羽のオナガガモは夏の間、サハリンに留まった。日本から直接、あるいはサハリン経由でカムチャツカに到達したオナガガモは、少なくとも

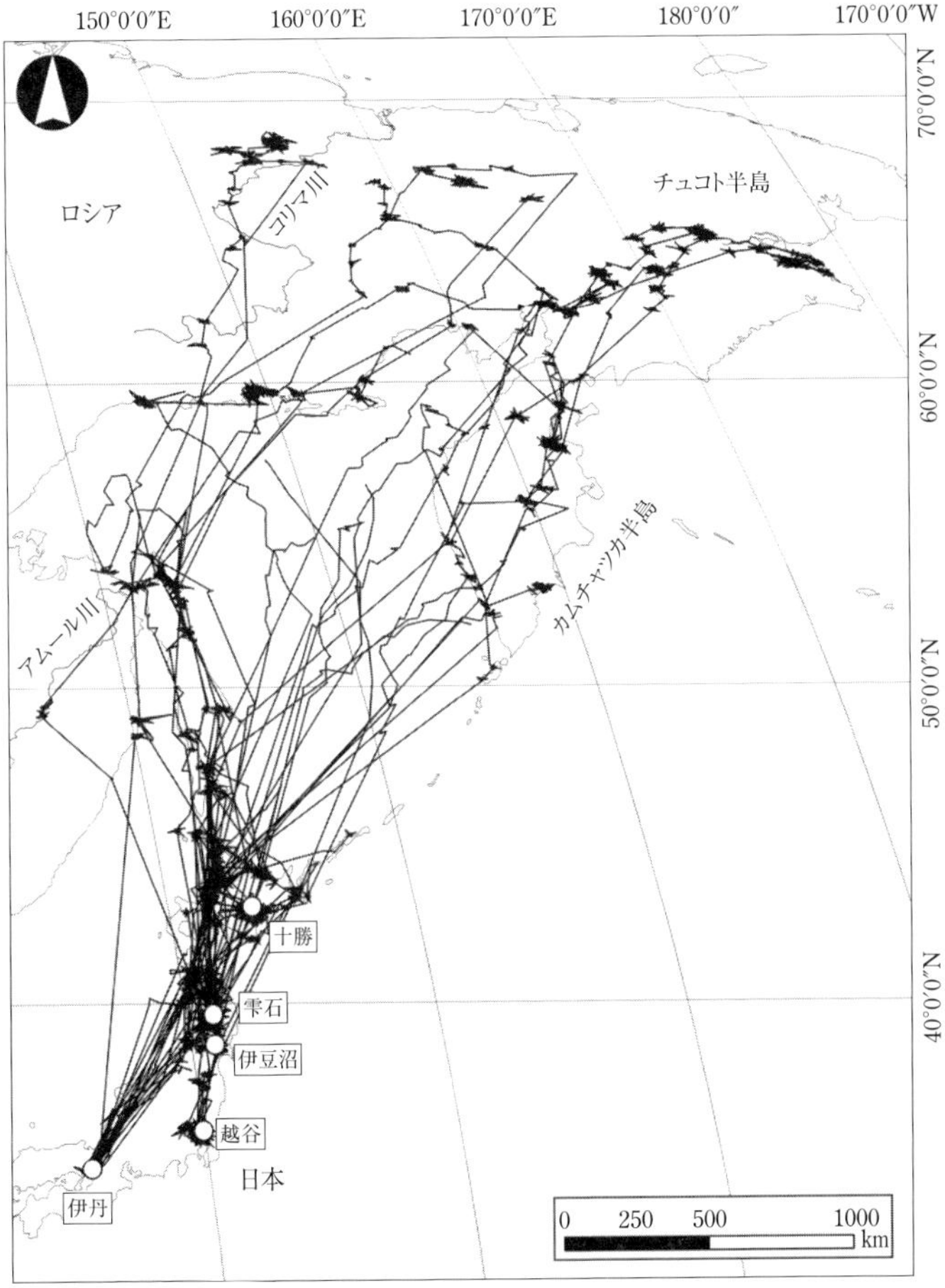

図 45　オナガガモの春の渡り衛星追跡の結果。2007-09 年の記録。Hupp *et al.* (2011) より作図。

一二〇〇キロのノンストップ海上飛行を行なっている。

カムチャツカに到達した多くの個体は、極東ロシアの北東端のチュコト半島とその周辺地域をめざした。ただし、カムチャツカに到着した個体の三二パーセントは、夏の間そこに留まった。マガダンとその周辺に移動した個体は、主にコリマ川沿いを北上した。ただし、マガダンに到着した二一個体のうちの六羽は、そこで越夏した。

全体として、異なる地域で越夏するオナガガモの渡り経路は、明らかに異なっている。カムチャツカやチュコト半島の繁殖地に到達する個体は、大部分が日本から直接、あるいはサハリンも経てカムチャツカへと移動している。

マガモについてもある程度いえるが、オナガガモの北方に向けての渡りは、すばらしい景色の中を移動する。サハリン北部あたりから北極圏近くにかけては、大小さまざまの湖沼が多数あり、その間を大河川が大きく蛇行している。大部分の地域は、グーグルマップで見るくらいのことしかできないが、なんとも美しい景色が展開されている。冬にごく身近で見ている鳥たちが、こんなにすばらしい旅をしているとはちょっと想像もつかない。

残念なことに、ロシアに入ったカモ類の一部あるいは多くは、狩猟によって命を落としている。ロシア極東では猟期が五月から始まり、渡っていった鳥たちは早々に狩猟の対象となる。送信機付きのマガモやオナガガモが撃たれ、送信機が回収された例も珍しくない。したがって、追跡の成功率は、南に渡るタカ類などと比べると半分ほどでしかない。

ハクチョウ類の春の渡り

ハクチョウ類では、オオハクチョウとコハクチョウの渡りを追跡している。主に日本の越冬地から繁殖地までの春の渡りを追跡しているが、二〇〇九年以降、太陽電池方式の送信機で追跡している個体では、秋の経路を明らかにできている例も多い。また、限られた個体数ではあるが、ロシア中南部の繁殖地から南下する秋の渡りも追跡している。ここでは、本州北部や北海道から追跡したオオハクチョウの春の渡りと、比較的最近、北海道北部のクッチャロ湖から追跡したコハクチョウの春の渡りを紹介する。

オオハクチョウでは、まず一九九四年と一九九五年の春、青森県小湊からロシアの繁殖地まで成鳥八羽を衛星追跡した（Kanai *et al.* 1997）。一九九四年、一九九五年の両年とも、オオハクチョウは小湊を飛び立ったあと、十勝川中流域、風蓮湖などの北海道南東部で休息した。その後、網走湖、サロマ湖などの北海道北東部の湖沼を経由してサハリン南端のアニワ湾に入り、サハリンを北上した。そして、アムール川下流域、オホーツク海北部沿岸、インディギルカ川中流域、コリマ川下流域で夏を過ごした。

その後、二〇一〇年前後に再び、宮城県の伊豆沼と北海道東部の屈斜路湖から二五羽をロシアの繁殖地まで追跡した（図46）。伊豆沼で越冬したオオハクチョウは、二月下旬から三月中旬にかけて当地を離れ、本州を北上後、一部は北海道西部から北部へと進み、ほかはすべて北海道東部へと向かっ

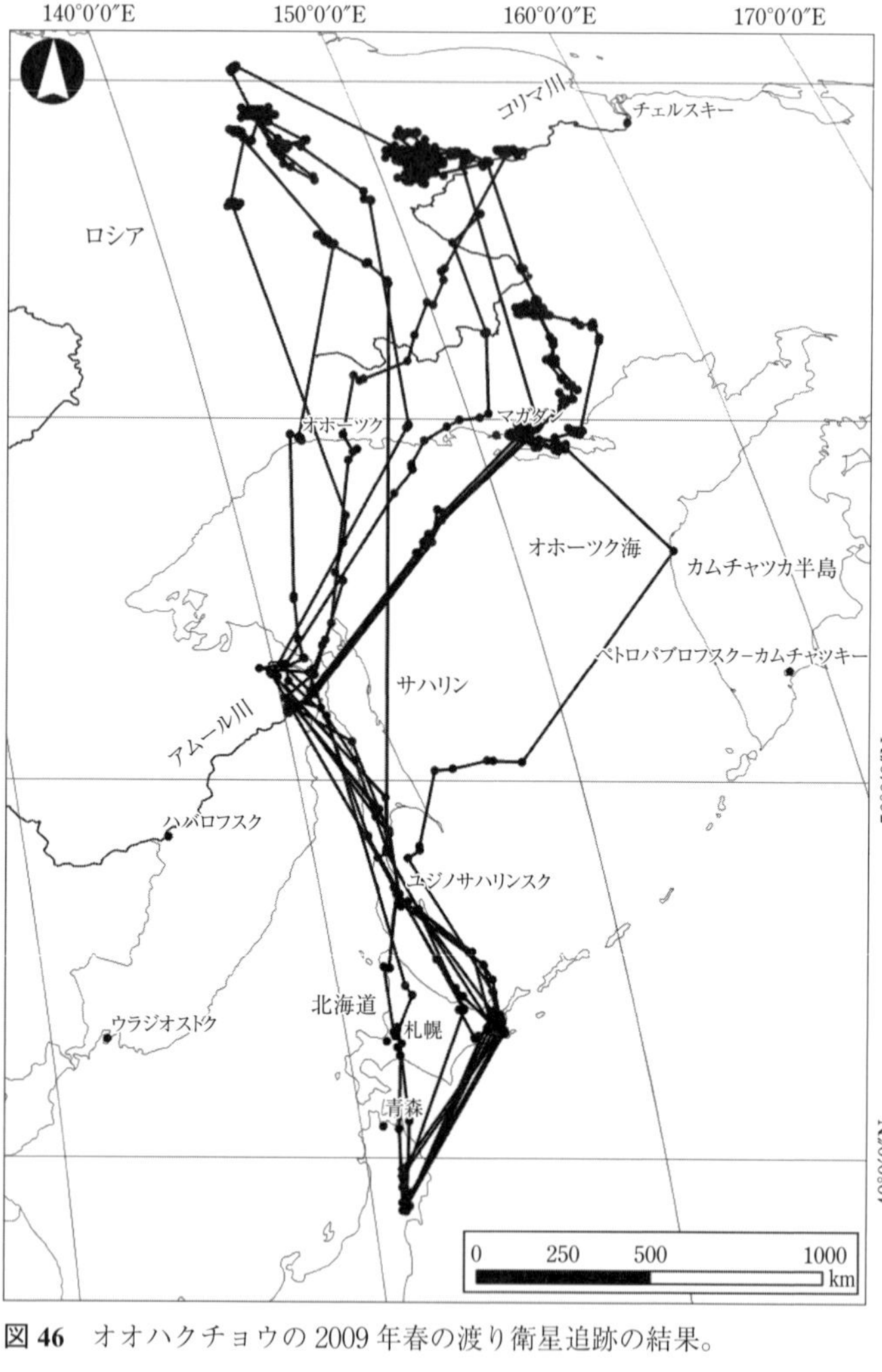

図 46　オオハクチョウの 2009 年春の渡り衛星追跡の結果。

た。その後、カムチャツカ西岸に向かった少数個体を除いてすべてサハリン経由で、サハリン北部に面するアムール川の河口付近へと北上したのち、オホーツクやマガダンを経てコリマ川の中流域やインディギルカ川の中流域へと到達した。屈斜路湖で越冬したオオハクチョウは、四月中旬から五月上旬に当地を離れ、伊豆沼から道東を経由した個体と同様の経路をたどってロシア北東部まで北上した。

渡りの過程で多くの個体が長期にわたって利用する重要な中継地としては、アムール川河口や、オホーツク海北岸のマガダンやオホーツクが位置する沿岸地域があげられる。

次にコハクチョウの渡りについて述べる（Higuchi 2012）。二〇〇九年にクッチャロ湖から飛び立った七羽のコハクチョウは、サハリンの東岸や西岸沿いに北上し、ロシア・中国国境のアムール川河口やサハリン北部をめざした（図47）。そこでしばらく滞在したのち、オホーツク海を縦断し、オホーツク海北岸のマガダンやオホーツクの付近に至った。そこからロシア東北部の大河コリマ川沿いに北上し、繁殖地となるコリマ川河口部のツンドラ地帯に到達した。

渡り経路は個体によって多少異なるので、特定の二羽（A個体、B個体と呼んでおく）を対象に、少しくわしく渡りの様子を紹介しよう。A個体（雄）は、四月二〇日までクッチャロ湖周辺に滞在していたが、四月二四日には北へ約四〇〇キロ離れたサハリン中西部沿岸に移動していた。この地に五月一日まで滞在したのち、移動を再開。五月三日にはハバロフスク州南東部の海岸に到達し、そこに少なくとも一四日まで滞在した。二一日には、そこから北北東へ約七〇〇キロのオホーツク海海上を通過、二三日にはマガダン州南西部に移動した。さらに北北東へと進み、二五日にはサハ州東部に到

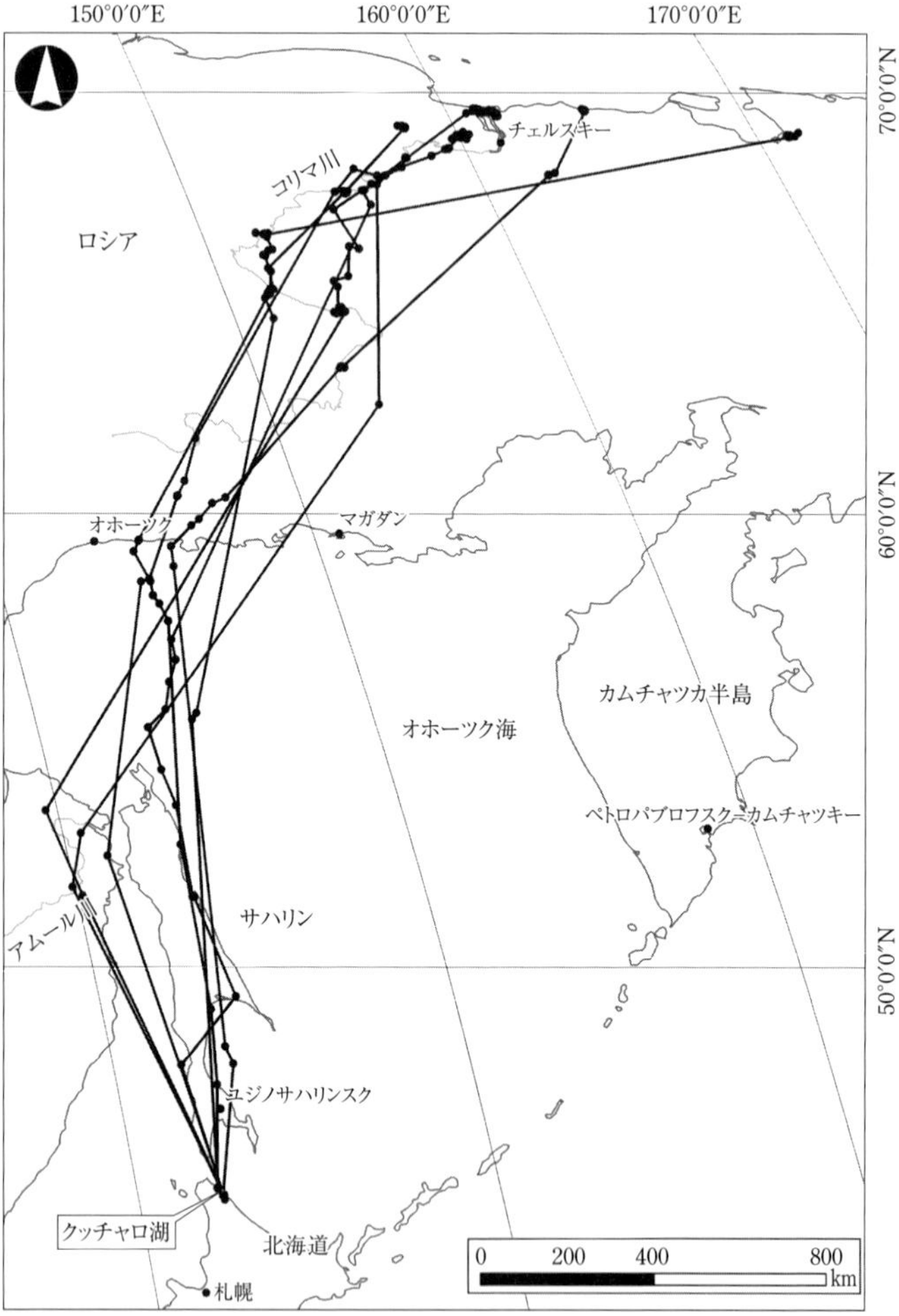

図 47　コハクチョウの 2009 年春の渡り衛星追跡の結果。Higuchi (2012)。

達。同日中に約二五〇キロ移動し、サハ州北東部のコリマ川下流に至った。五月二七日には、北極圏の都市、チェルスキーの西約五〇キロのコリマ川下流部のツンドラ地帯に到着し、渡りを終えた。

B個体（雌）の方は、四月二四日までクッチャロ湖周辺に滞在していた。二九日にはサハリン南部東沿岸に移動し、五月一日までこの周辺の海域に滞在していた。五日にポロナイスクの南南西一三キロほどの海上に移動したのち、サハリンに再上陸、七日から一〇日まではカタングリに近い沿岸の湖沼で過ごした。一八日にはそこから約一一〇キロ北上し、二三日までその周辺に滞在した。二五日にはオホーツク海を北進し、その日のうちにオホーツクの東約七五キロの地点に移動した。その後、北北東へ進路を変え、約八八〇キロ離れたサハ州東部のコリマ川中流に到達。六月一日から三日までその地に滞在、五日には東北東へ約八三〇キロのチュクチ自治管区北東部沿岸、ウスティ・チャウソに近いツンドラ地帯に到着し、渡りを終えた。

全体として、近縁のオオハクチョウと比較すると、コハクチョウはオオハクチョウよりも北方の地域で渡りを終えている。つまり、北極圏内に繁殖地がおさまっている。渡り経路全体の中で重要な中継地としては、オオハクチョウ同様、アムール川河口やサハリン北部、あるいはマガダンやオホーツクが位置するオホーツク海北岸の沿岸地域があげられる。

ハクチョウ類もすばらしい景色の中を移動している。北極圏付近には、大小さまざまの湖沼が多数点在し、その間を大河川が大きく蛇行している。おそらく、夕陽の中にたたずむ河川は、オレンジ色に輝いていることだろう。いつの日か、カモ類やハクチョウ類とともに、そうしたすばらしい景色の中を旅してみたいものだ。

タカ類の渡り

タカ類では、主にサシバとハチクマを対象に衛星追跡を行なっている。この二種は日本で繁殖し、渡りをする代表的なタカ類である。サシバはカエルやトカゲ、ヘビ、昆虫などを主食にするカラス大の中型タカ類、ハチクマは、クロスズメバチなどのハチ類の卵や幼虫、蛹を主食にするもう少し大型の種である。

渡りをする習性は、その食習性と明らかに関連している。両生・爬虫類や昆虫類は、日本のような温帯地域では冬のあいだ地上から姿を消す一方、春や初夏には大量に出現する。サシバもハチクマも、この食資源を求めて南へ北へと季節的往復移動をするのである。

サシバの春秋の渡り

サシバはこれまでに、二〇羽ほどの成鳥が繁殖地と越冬地の間を追跡されている。渡りの経路は、繁殖地と越冬地がどこであるかによって二つに大きく分かれる。

まず、栃木、千葉、新潟などの本州中〜北部で繁殖するサシバは、秋、早いものでは八月下旬に、遅いものでは一〇月上旬に移動を始める。栃木や千葉から出発するサシバは、東海地方を経て紀伊半島に入り、四国を通って九州に移動する。新潟から出発するサシバは、長野から岐阜へと山岳地帯を

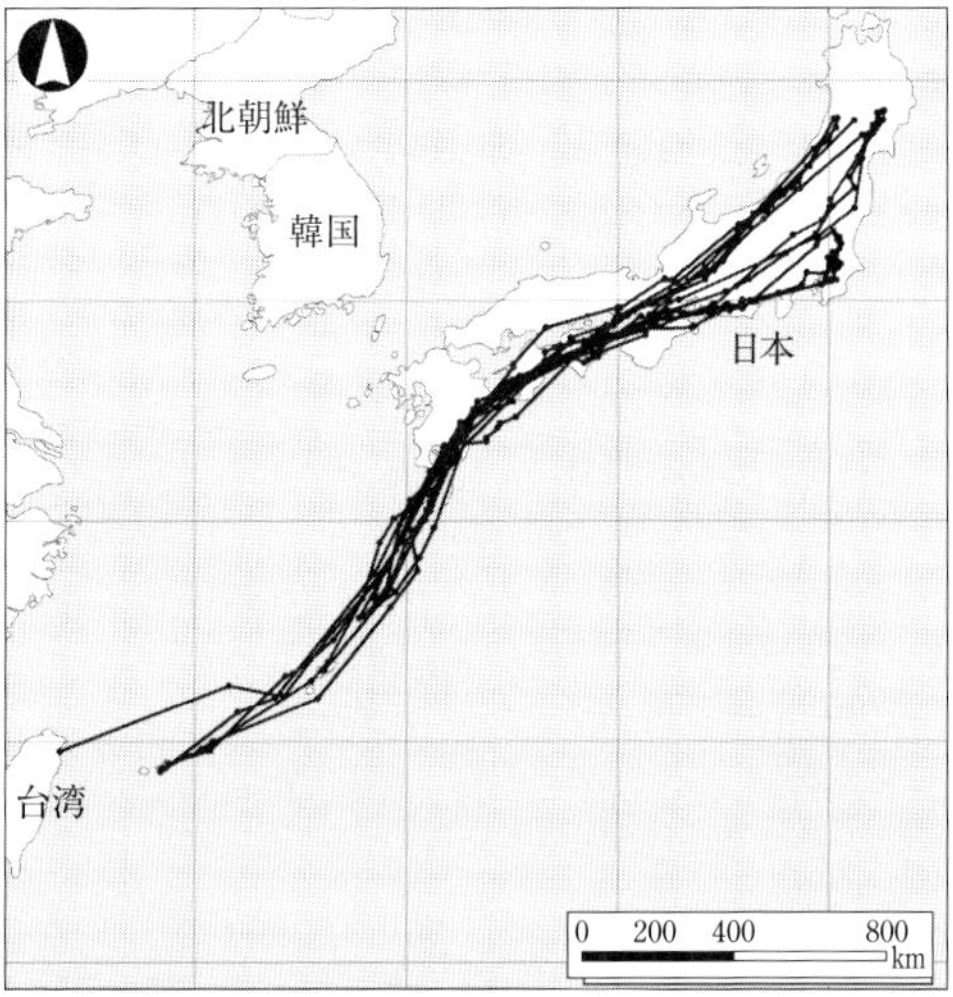

図 48　サシバの秋の渡り経路。2002 年から 2008 年までの間に衛星追跡された 12 個体の結果にもとづく。樋口（2012a）。

通って琵琶湖の南を移動する。その後、淡路島を経て四国に入ったのち、九州へと抜ける（図48）。

九州から南西諸島に南下するさいには、新潟を出発した鳥も栃木や千葉を出発した鳥も、大隅半島を通過する。到着地は大部分が、南西諸島の南部、石垣島や西表島などである。越冬地に到着するのは一〇月中下旬である。

これら南西諸島の石垣島や西表島などで越冬するサシバは、三月中下旬から四月上旬に越冬地を出発する。南西諸島の島々を北上し、沖縄本島、奄美大島、トカラ列島を経て九州に入る。その後、秋の経路を逆戻りして九州東岸より四国へ、四国を横断したのち淡路島を経て、あるいは直接本州に入り、本州の繁殖地へと東進する。繁殖地に到着するのは四月上旬から下旬である。繁殖地と越冬地は、個体によって毎年ほぼ一定だ。

次に、九州北部の福岡県などで繁殖するサシバは、九州を抜けて南西諸島沿いに南下し、石垣島や西表島を越えてさらに南方へと渡る。まだ限られた個体でしか追跡できていないが、この経路をたどる個体は、どれも終着地となる越冬地はフィリピンである。また、途中、台湾には立ち寄らない。

しかも、春の渡り経路は秋とは大きく異なる。やはり少数個体での追跡結果であるが、野外での観察結果をふくめて概要を書いておく。フィリピンの北の海上に出たサシバは、秋とは違って南西諸島には向かわずに台湾をめざす。台湾に入った鳥たちは、中部あるいは北部から進路を西側にとり、海上を越えて大陸へと渡る。その後、朝鮮半島の北部へと北上し、おそらくそこを南下して九州に入る。「おそらく」と書いたのは、この部分についてはまだきちんと確かめられてはいないからである。

ハチクマの春秋の渡り

ハチクマについては、二〇〇三年の秋以降、四〇個体以上の渡りを衛星追跡し、渡り経路を詳細に明らかにすることに成功している(図49)。本州の中～北部で繁殖したハチクマは、九月中下旬から一〇月上旬に本州から九州へと西に向かう。九州西部の五島列島などを飛び立ったのち、東シナ海約七〇〇キロを越えて中国の揚子江河口付近に入る。その後、中国の内陸部を南下し、インドシナ半島、マレー半島を経由してスマトラに至る。そこから経路が二つに分かれ、一方の鳥たちは東北方向へと進み、ボルネオやフィリピンへと到達する。もう一方の鳥たちは東へと進み、インドネシアのジャワ

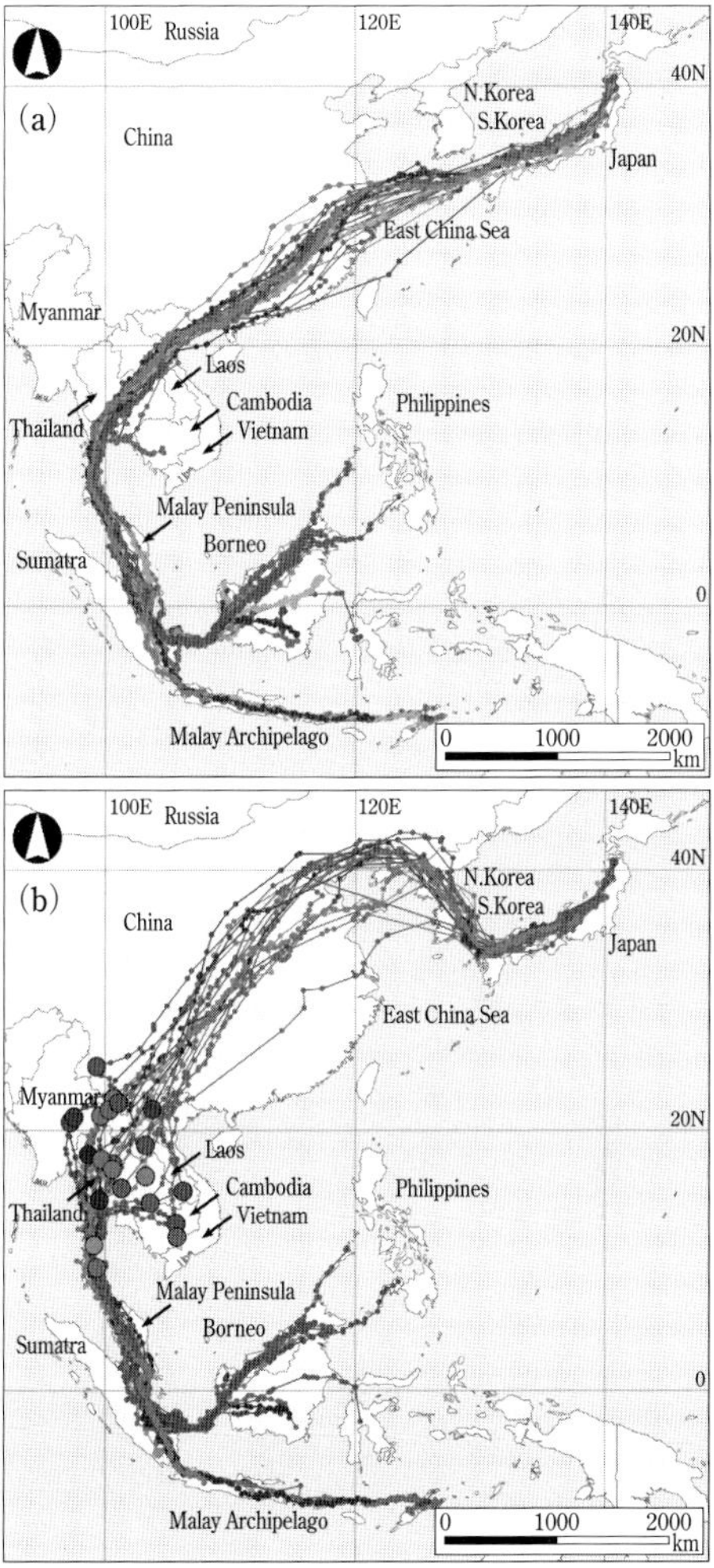

図 49　ハチクマの秋（a）と春（b）の渡り経路。春の渡り経路上の●印は、1 週間以上滞在した地点。2003 年から 2009 年の間に衛星追跡された 28 個体の結果にもとづく。Higuchi（2012）。

島、さらには小スンダ列島にまで到達して渡りを終える。どちらも、大きなCの字を描く迂回経路である。越冬地への到着時期は一一月から一二月、総延長移動距離は一万〜一万数千キロに及ぶ。

春には、秋とは大きく異なる経路をたどる（図49b）。渡りは二月の中下旬から三月に始まる。ボルネオやフィリピンで越冬した個体も、ジャワや小スンダで冬を越した個体も、マレー半島の北部までは秋の経路を逆戻りする。そこから先、一部の鳥は、九〇度方向転換して東に進路をとり、カンボジア方面に向かい、そこでまた九〇度方向転換して北進する。ほかの鳥たちは、北上してミャンマーから中国南部へと入る。その先は両者が合流するような形で中国の内陸部を北上し、朝鮮半島の北部に至る。このままでは日本に戻ってこないように見えるが、そこでなんと、すべての鳥が九〇度方向転換して朝鮮半島を南下して九州に入り、さらに再び九〇度方向転換して東進し、繁殖地の長野県や山形県、青森県などに戻る。九〇度の方向転換を何度も行なう、極端な迂回経路である。

この春の渡りも一万キロから一万数千キロに及ぶ長距離移動で、日本の繁殖地に到達するのは五月の中下旬である。おもしろいことに、春の渡りのさいには、東南アジアから中国南部のどこかの地域で、一週間から一か月ほどの長期にわたる滞在をする。何のための滞在なのかはわからないが、よいハチ資源のある場所で十分な栄養補給をしているのかもしれない。

注目すべきことに、ハチクマはどの個体も、秋と春の渡りを通じて東アジアの大部分の国をひとつずつめぐっている。集団全体としては、すべての国を一つひとつめぐっていることになる。東アジアの親善大使のような役割を果たしている、あるいは果たしうる鳥ともいえる。

季節による渡り経路の違いの理由

これまで述べてきた通り、ハチクマや九州で繁殖するサシバは秋と春で渡りの経路を大きく違える。その理由は何なのか。私たちの研究グループは、ハチクマの渡りを対象に、気象条件に注目して理由を探っている（Yamaguchi *et al.* 2012, 樋口 2012a）。ハチクマの渡り経路を決めるうえで鍵となる地域は、東シナ海である。あまり羽ばたかずに風に乗りながら移動するタカ類にとって、島影のない七〇〇キロの海上を渡るのはかなり危険なことである。ここを越えるかどうかが問題になる。

東シナ海とその周辺海域での秋と春の気象条件、とくに風向と風力について調べたところ、ハチクマが渡る九月中下旬から一〇月上旬にかけては、東あるいは東北東からの風がかなり安定して吹いている。ハチクマはこの追い風を利用して、西に向かって移動していると思われる。また、ハチクマが渡る高度数百メートルから一〇〇〇メートルほどの上空には、気温の高度差から推定して、この時期、上昇気流が発生しているようだ。そうであれば、この上昇気流も渡るタカにとって好都合な存在である。地上を移動するハチクマは、上昇気流を見つけては上昇（帆翔）と下降（滑翔）を繰り返し、羽ばたきにかける労力を軽減しながら、長距離移動していく。東シナ海の海上でも、ハチクマは同じようなことをしている可能性があるということだ。気象条件の特性を巧みに利用しながら、秋にハチクマは、島影のない七〇〇キロの海上を渡りきっているのだと思われる。

一方、春には、東シナ海の気象条件は不安定である。いろいろな方向からの風が吹き、五月になれば南の方にはすでに梅雨前線が発達している。しかも、やはり秋と違って、この海上に上昇気流が発達している様子はない。七〇〇キロの海上を横切るのは、きわめて危険である。大きく迂回してでも、朝鮮半島を南下し、一七〇キロほどしかない朝鮮／対馬海峡経由で九州に入る方が、明らかに安全なのである。

東シナ海のこうした季節による気象条件、風況の違いが、ハチクマの秋と春の渡り経路全体に影響していることはまちがいない。九州で繁殖しフィリピンで越冬するサシバが、秋と春で経路を違えるのも、また春の経路の後半がハチクマの渡り経路に類似しているのも、関連地域の季節による風況の違いと関係しているものと思われる。

種による違い

これまで述べたように、サシバとハチクマでは、到着地が似通っていても、渡りの経路は大きく違っている。たとえば、サシバでもハチクマでも到着地がフィリピンである例がある。であるにもかかわらず、サシバは南西諸島経由で南下し、ハチクマは中国からマレー半島、ボルネオをぐるっと遠まわりしてたどり着く。この違いは何なのか。なぜハチクマは、南西諸島をまっすぐに渡った方が時間的にもエネルギー消費からしても有利なのに、そうしないのか。まだよくわかっていないが、次のようなことが考えられる（樋口 2012a）。

ひとつは食性の問題。サシバはカエルやトカゲ、ヘビ、昆虫を主食にし、ハチクマはクロスズメバチをはじめとしたハチ類などの幼虫や蛹を主食にしている。どちらも、それぞれの食性に、行動あるいは形態が特殊化、専門化している。南西諸島には、両生・爬虫類や昆虫はいるが、クロスズメバチなどのハチ類は少ないようで、サシバの生息にはよいが、ハチクマには適していない可能性がある。おそらく大陸にはハチ資源が豊富で、ハチクマにとっては、東シナ海の七〇〇キロを越えればすぐれた採食条件が整っている可能性が高い。

もうひとつは体サイズの問題。サシバはハチクマに比べて、体重が二分の一から三分の一しかない。大陸には両生・爬虫類も多数いるだろうが、小型で体力がそれほどないサシバにとって、たとえ追い風や上昇気流が得られても、島影のない七〇〇キロの東シナ海を越えるのはやはり困難であるに違いない。

こうした食物条件や気象条件、体サイズなどが絡み合い、渡りの経路が決まっているのではないかと思われる。今後、各地域、とくに鍵となる地域の食物条件や気象条件をくわしく調べ、モデルやシミュレーションなどを利用しながら検討していく必要がある。

今後の課題

これまで見てきたように、近年の科学技術の発達によって、渡り鳥の移動経路や移動様式などの詳細を明らかにすることができるようになった。今後さらに追跡技術が進歩すれば、より小型の鳥類をも対象に、より長期にわたって多方面のことがらを解明できるようになる。機器の小型軽量化と長寿命化、いろいろな環境・行動情報をもたらす各種センサーの付加、安全で確実な装着法の開発などが求められている。

日本は技術面などですぐれた知識や経験があり、関連分野でおおいに貢献できる可能性がある。しかし、日本の技術は室内で人間が利用するためのものが多い。自然の中にくらす野生の生きものを対象とするためには、技術者と野外研究者が一体となって関連の技術を開発し、発展させる必要がある。私自身、そうした共同研究に長くかかわってきているが、新たな視点や技術をもつ研究者のさらなる参画を待ち望んでいる。

はじめに述べたように、近年、渡り鳥は森林や湖沼、干潟などの生息地の破壊、農薬などによる化学汚染、密猟、航空機や風力発電施設との衝突、鳥インフルエンザや西ナイル熱などへの感染、あるいは原子力発電施設の事故による放射能汚染など、さまざまな環境問題に遭遇している。その中には、人間の産業や健康、生命に深くかかわる問題もふくまれている。しかも、これらの問題は個々別々にかかわってくるというより、折り重なるように襲いかかっている。問題の多くは、日本だけでなく、世界の各地で同じように起きている。

今後、渡り鳥がかかわるさまざまな環境問題に対応していくためには、さらなる技術の革新、異分野の研究者間の連携、国際協力や国際共同研究の推進、およびそれらすべての統合が不可欠である。どれも多くの知恵、時間、労力、経費を必要とし、困難な道のりであるが、とてもやりがいがある。もちろん、渡り鳥研究の過程で開発されたもの、明らかになったことは、ほかの野生動物の保全や環境問題にも応用可能である。関連分野のことがらをも視野に入れながら、さらに努力を続けていく必要がある（樋口 2012b）。

第9章――鳥の渡り衛星追跡公開プロジェクト

これまで、鳥の渡りの衛星追跡研究はすばらしい成果をあげてきた。渡りそのものの解明はもちろんのこと、研究結果は対象種とその保全にかかわる活動にも大きく貢献している（樋口 2005）。一方、この衛星追跡研究は、それにかかわる私たち研究者に日々多くの感動を与えてくれている。毎日コンピュータ上で、鳥たちの移動の様子が時々刻々と現れるのを、胸をときめかせながらながめることができている。なんとも幸せな時間である。

私は何年か前から、この幸せな時間をごく一部の研究者だけでなく、鳥や自然に関心をもつ多くの人と共有したいと思うようになった。情報は日本人だけでなく、渡り経路上のいろいろな国の人たち、あるいは関心をもつ世界中の人たちと共有することになる。そしてその希望が、二〇一二年の秋に実現した。鳥の渡り衛星追跡の公開プロジェクトだ。対象はハチクマ、これまでの経験から、移動距離が長いこと、移動経路が非常に興味深いこと、追跡の安定性が高いことなどが理由である。追跡個体数は四羽である。

私たちは、この追跡公開プロジェクトを「ハチクマプロジェクト」と呼ぶことにした。英語名の方も、そのままHachikuma Projectとした。この章では、この「ハチクマプロジェクト」の初年度、秋の渡り公開部分を再現し、鳥の渡りの様子を前章とは違った、より生に近い形で伝えたい。

対象となった鳥や実施体制

追跡対象となった四羽のハチクマは、同年六月に捕獲され、送信機が装着された。三羽は青森県黒石市、残りの一羽は山形県西置賜郡で捕獲・放鳥された。四羽のうち、黒石の一羽だけが雌、ほかは雄だった。雌にはナオ（Nao）、雄にはそれぞれクロ（Kuro）、ケン（Ken）、ヤマ（Yama）の名がつけられた（図50）。ナオとケンは、それぞれ捕獲に努力した人の名から、クロは羽色が黒っぽいことから、ヤマは山形県にちなんでつけられた。ナオは、全体に白色部分の多い美しい羽色の鳥だった。四羽すべて、成鳥である。

捕獲と送信機の装着には、土方直哉（慶應大）、時田賢一（我孫子市鳥の博物館）、内田聖（里山自然史研究会）、中山文人（自然環境研究センター）の諸氏と私があたった。

送信機は、十分な安全性を見込んで、アメリカ製の九・五グラムのものを装着した。一円玉一〇枚にも満たない小型軽量タイプだ（一円玉一枚は一グラム）。太陽電池方式で働き、推定寿命は二〜三年ほど。小型軽量であることから、一〇時間稼働、四八時間休止と長い休止期間を設定してある。鳥

図 50　追跡対象となった４羽のハチクマ。上左：ナオ（雌）、上右：クロ（雄）、下左：ケン（雄）、下右：ヤマ（雄）。撮影：時田賢一。

の体にやさしいテフロン加工された布帯を用いて装着し、背負ってもらった。

プロジェクトのウェブサイトは、慶應大・湘南藤沢キャンパス（ＳＦＣ）内のサイトにおさめられた。ホームページの作成は環境情報学部の学生、武藤真理子さんが担当し、経路図の自動化をはじめ公開プログラムの作成には、「まえちゃんねっと」の前嶋美紀さんがあたった。渡りの様子は経路図だけでなく、文字による情報発信によっても伝えることにした。ハチクマがいろいろな国を移動していくことから、文字情報は日本語、英語、韓国語、中国語、インドネシア語で発信することにした。この役目は、それぞれ私、水野紗也、イム・イラン、孫　可黄、佐藤華純の慶應大ＳＦＣ関係者があたることになった。私以外は学部学生や大学院生だ。情報発信は環境情報学部の一ノ瀬友博教授の助言により、フェイスブックを使って進めることになった。

七月二四日、SFCでプロジェクトのキックオフミーティングを行ない、準備の状況や役割分担の確認を行ない、同時に関係者の交流を深めた。

そして、いくつかの難問を乗り越え、九月四日、ウェブサイトが公開された。

http://hachi.sfc.keio.ac.jp/

以下、公開から秋の渡り終了時点までのサイト内の様子を、かいつまんで伝えていきたい。紹介するのは、主に日本語ページの内容である。写真や小見出しおよびかっこ内の文章は、状況をよりよく伝えるために本書用に加えたものだ。情報発信の担当者以外のコメントや質問も、適宜、取捨選択してある。投稿内容は、前後の状況に合わせて多少、修正してあるところもある。投稿してくださった方のお名前は、このプロジェクトにかかわりの深い方以外はローマ字のイニシャルで示した。

ウェブサイトの公開

九月五日（樋口）

予定どおり、このサイトを公開することができました。

四羽のハチクマたちは、まだ繁殖地とその周辺に滞在しています。渡りを開始するのは、あと一、二週間後でしょうか。

これまでの滞在位置があちこち飛んでいますが、これはハチクマの移動そのものに加えて、衛星追跡システムの測位誤差にもとづくものです。この図でその両者を区別することはできません。
衛星追跡の仕組のところにも書きましたが、この追跡方式による位置測定の精度はあまりよくありません。何百キロ、何千キロ、あるいは何万キロもの長距離移動を追跡することに問題はありませんが、特定地域での局地移動を追跡することにはあまり向いていません。
渡りの開始が待たれます。

渡りの開始

九月二〇日（樋口）
お待たせしました、青森のクロがついに動き始めました！
現在、秋田の東の方にいます。
待ちに待った渡りの始まりです。
いよいよこれから、興奮の毎日が続きます。

九月二二日（樋口）
クロに続いてケンも動き始めました。鳥海山を挟んでケンが南寄り、クロが北寄りにいます。これからどんどん動いていくと思います。

九月二三日（樋口）
クロ、ケンに続いて、ヤマも渡りを開始したようです。福島県南西部の、群馬県との県境付近で測位されています。

（こののち、私はテレビ局の取材に同行して、ネパール西部のジョムソンに出かける。土方さんが日本語の情報発信に臨時で加わる）

九月二五日（土方）
九月二五日現在、クロが秋田県南部、ケンが新潟県中部、ヤマが愛知県東部まで移動しています。ナオからは九月一一日以降、精度の高いデータが得られていませんが、送信機は稼働しています。

九月二六日（樋口）
ヒマラヤのジョムソンから樋口です。かぼそい回線を通して見ています。ナオも動き始めましたね。経路図がにぎやかになってきました。いよいよ本格的な渡りが始まったという感じです。今後が楽しみです。
現在、テレビ局の取材に付き添って当地に来ています。ヒマラヤを越えるアネハヅルの取材です。眼前にニルギリ、少し遠目にダウラギリが見えるすばらしい場所です。じきに、アネハヅルのヒマラヤ越えを見ることができるはずです。こちらも楽しみです。

九月三〇日（土方）

クロとケンが福岡県に入りました。最新のデータでは、それぞれ、北九州市、宮若市から電波が得られています。なお、クロと思われる個体が北九州市で観察、撮影されています。

九月三〇日（樋口）

ヒマラヤ・ジョムソンより樋口です。相変わらず、かぼそい回線を通して見ています。四羽とも順調に旅を続けていますね。

下関市の戸嶋涼子さんより、以下の情報をいただきました。

「クロ？　と思われる個体を目撃いたしましたので情報提供します。九月二八日午後五時過ぎ、福岡県北九州市門司区風師山でハチクマの渡りを見ておりました。下関市の火の山からの情報で、発信機の着いた個体が風師方面に向かったとの情報を得て待っていると、数分で関門海峡を渡ってきました。遠かったので画像は悪いですが、ご容赦ください。」

二九日には衛星の位置情報が当地から得られていますし、戸嶋さんから送られてきた写真を見ると、画像はよくないながら、クロの名前の由来になった全体に黒い羽色の特徴が認められます。戸嶋さんが観察、撮影していた時間は、送信機の稼働がオフになっている時間帯でした（電池寿命を考慮して、

図 51　長崎県五島列島福江島の西端、大瀬崎。ハチクマが通過する場所として知られる。

ある設定をしています）。観察情報の方が先に得られたというのは興味深いところです。戸嶋さんたちは何人かでこの鳥を観察されていたとのこと、貴重な情報をありがとうございました。

一〇月二日（土方）

一〇月二日現在までに得られているデータによると、ケンが五島列島福江島の西端付近（図51）まで移動しているようです。また、クロも同じ地域まで進んでいることが精度の低いデータから示唆されています（クロのデータは精度が低いので、地図には反映されていません）。

一〇月二日（樋口）

台風が過ぎ去り、青空の中を、あるいは大海原の上空をゆうゆうと飛びゆくハチクマたちの姿が目に浮かびます。

一〇月二日（樋口）

きょうも、ほんとうに「いい日、旅立ち」だったようですね。

ヒマラヤのジョムソンでは、アネハヅルの第一陣が到着しました。五〇〇羽ほどがV字型の見事な編隊飛行を見せてくれました。

季節が進み、世界中のあちこちで、鳥たちが旅を始めている、あるいは続けているのですね。

東シナ海七〇〇キロの旅が安全でありますように！

（こののち、しばらく位置情報が途絶える。心配する旨の投稿がいくつか寄せられた）

中国入り

一〇月六日（樋口）

ご心配をおかけしていますが、ヤマだけでなく、クロもケンも中国東部に到着していると思われます。リアルタイムの追跡とはいえ、いくつかの条件により、しばらく位置情報が得られないことがあります。影響を受ける条件とは、送信機のオン／オフ周期（オフの時間帯には発信されない）、鳥（送信機）と衛星との位置関係（送信機から電波を発信していても、衛星が地球の裏側などにいるときには衛星のアルゴスシステムに受信されない）、天候（太陽電池のため、雨天や曇天時には発信頻度が落ちるかゼロになる）などです。また、得られた位置情報の精度が低い場合には、本プロジェクトの地図には反映されないこともあります。

ヤマは見事に、東シナ海約七〇〇キロを越えましたね。クロもケンも、きっと同じように昼夜休まず飛び続けて大陸東縁に至っているはずです。少し間が空いていますが、じきにきちんとした位置情報が得られ、地図にも反映されるものと思われます。

私もヒマラヤでの調査を終え、日本に向けて旅を始めています。人の旅は、車や航空機などをいくつも乗り継ぎ、いろいろな人の助けを借りながら行ないます。鳥たちは、地図も磁石ももたずに、また気象予報などを聞くこともなく、自身の能力をたよりに、まさに独力で旅を続けます。ほんとうに頭が下がります。

鳥の旅の途中には、さまざまな苦難が待ち受けています。渡来地の消失、悪天候、密猟、化学汚染などなど。私たちのハチクマの旅が、これからも安全であるよう願っています。

一〇月六日（土方）

クロとケンが無事に東シナ海を越えたようです!!

それぞれについて、福建省西部、浙江省南西部から精度の低いデータが得られました。

一〇月七日（樋口）

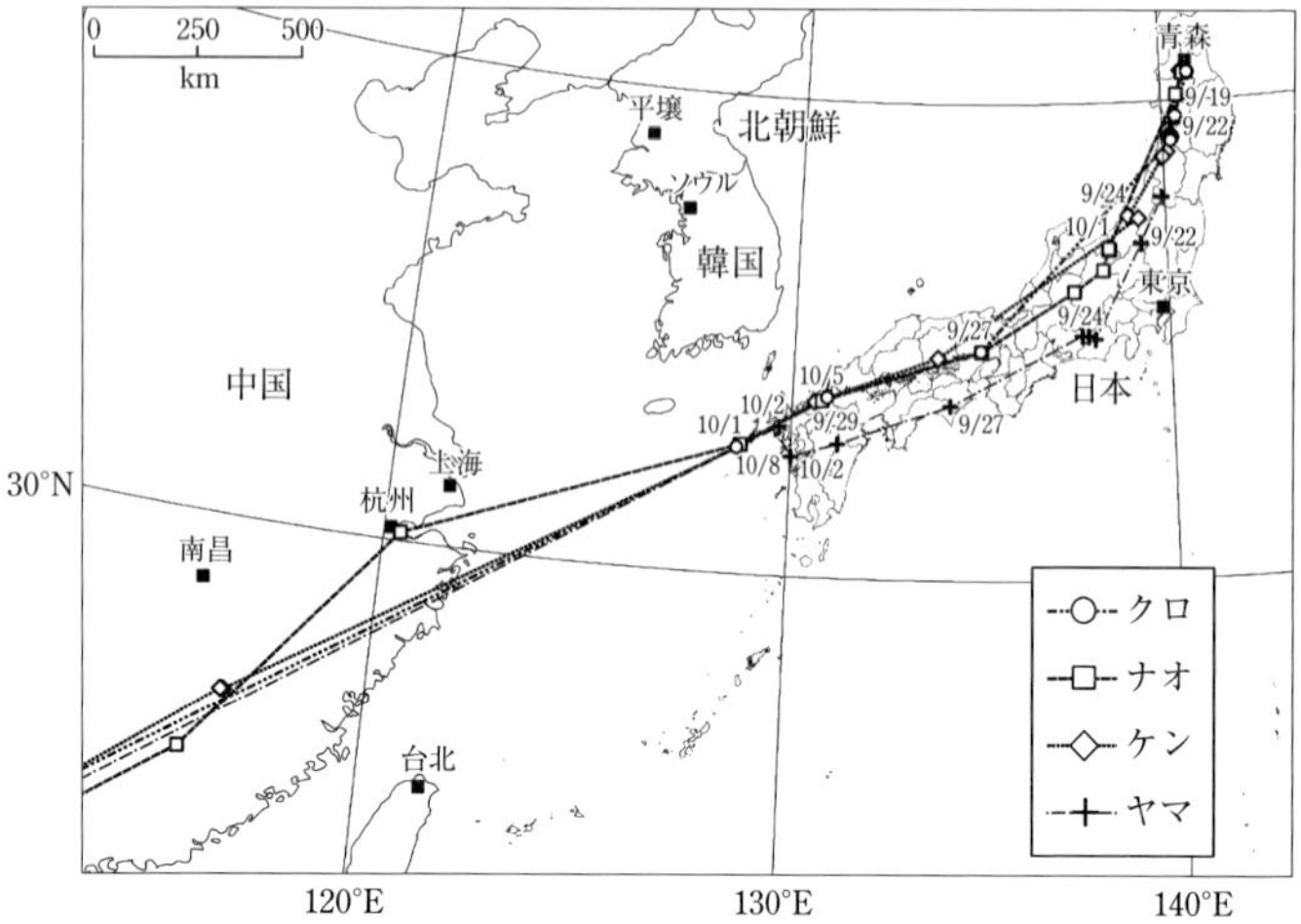

図 52　日本から中国に入るまでの渡り経路。主要地点の通過月日を示してある。

クロとケンの位置情報がとれましたね。これで三羽が中国東部に滞在あるいは移動中であることがわかりました（図52）。ほっとしました。

ナオの移動も注目されます。現在、福岡県田川郡福智町あたりにいます。これから長崎方面に移動し、東シナ海を渡るのでしょう。ほかの多くのタカ類と同様、この雌のナオも雄たちよりひとまわり体が大きいです。ついでながら、顔もとてもきついです（四羽の紹介欄を参照）。きっと、元気に旅を続けるのではないかと思います。

私は本日、ヒマラヤの旅から無事、帰国しました。現地ではグーグルマップやグーグルアースを見ることができなかったので、戻ってきてからまじまじと見ています。

一〇月八日（樋口）

長野県の白樺峠でタカ類の渡り観察を続けている久野公啓さんから、以下の情報をいただきました。追加情報として掲載させていただきます。

「ナオと思われるハチクマの簡単な観察記録をお送りします。二〇一二年一〇月一日、一四時〇四分、白樺峠定点調査地の北東側約一キロ先で飛翔するのを発見。調査地北側六〇〇メートルで帆翔を繰り返して高度をかせいだあと、一四時〇八分、南西方向へと滑翔して視界から消えました。」

一〇月八日（時田賢一さんのコメント）

ナオが福江に到着している。ちゃんと五島列島に行くんですね。鳥の渡りって不思議、感激します。

一〇月九日（樋口）

クロがベトナム国境付近まで移動しました。地図を大きくしてみると、ぎりぎり中国の中のようです。南への旅はまだまだ続きます。

一〇月一一日（樋口）

このところ位置情報が経路図に現れず、ご心配な方が多いのではないかと思います。ご安心ください。ヤマの場合をふくめて、精度のあまりよくない位置情報は得られており、鳥たちは元気に活動しているようです。

現在、精度のあまりよくない情報も、しかるべき条件のもとで利用できるよう、調整しております。じきに、もう少し多めの位置を経路図上に反映できる予定です。

インドシナ半島、マレー半島へ

一〇月一二日（樋口）

お待たせしました。位置情報がまたとれ始めました。グーグルマップによると、ヤマは中国東南部の海南島付近、トンキン湾北部沿岸地域に移動しました。クロはベトナム入りし、プーマット（Pu Mat）国立公園の中あるいはその付近にいます。ケンは中国・ベトナム国境付近、クロが立ち寄った付近に移動しています。ただし、測位点はすでにベトナム国内に入っています。

また、ナオは、精度がよくないためまだ経路図には出ていませんが、無事、東シナ海を渡り終え、中国東部の浙江省に入っています。じきに、地図にも出てくるものと思われます。

中国国内での移動経路がどの個体も似かよっているのが注目されます。

一〇月一四日（樋口）

クロがラオスを越えてタイに入りました。首都バンコクの北東約三〇〇キロ、コンカエン（Khon Kaen）の付近から位置がとれています。ヤマも移動しました。ベトナム入りし、首都ハノイの少し南、フーリィ（Phu Ly）付近にいます。

インドシナ半島は、国境が複雑に入り組んでいるところですが、鳥たちは国境にはおかまいなく、旅を続けているようです。うらやましい限りです。文字通り、渡り鳥に国境はない（Migratory birds know no boundaries）、ですね。

ナオの位置、もう少しお待ちください。

一〇月一六日（樋口）

いくつかの条件を設定したうえで、精度の高くないデータも利用して経路図を描きなおしました。ナオが中国・上海の南西、杭州に入ったのち、ほかの三羽と同様、南西方向に旅を続けている様子がわかります。

（うれしいコメントが寄せられた）

ながつた幼稚園　樋口先生、慶應大学のプロジェクトの皆様、今回のデータ公開、ほんとうにありがとうございます。毎年毎年タカたちを見送っている私は、ドキドキしながら四羽の行方を追っています。測定にはたいへんなご苦労もおありと思いますが、教育現場にいる私は子どもたちに鳥の渡りの不思議とロマンを伝えながら、とにかく四羽の無事を祈り里帰りを楽しみにしています。

（中国語担当の孫　可黄さんから、日本語で以下の情報が寄せられた）

一〇月一六日（孫　可黄）

中国広西チワン族自治区の「北海ワンワン」さんから、以下のようなメッセージが来ました。

「広西チワン族自治区の冠頭嶺はハチクマの渡りルート上の拠点のひとつです。毎年の今頃はハチクマたちの渡りのピークを迎えますが、非法狩猟者も集まっています。今年は警察も来ましたが、だれも捕まえられなかったようです。ハチクマたちのご無事を祈るしかありません。」

この方がいった冠頭嶺は、中国政府が指定した国家森林公園であり、地元の人気の観光地のひとつです。公園には海岸沿いに長さ三キロの低い山があり、一番高いところは海抜一二〇メートルです。

一〇月一七日（樋口）

インドシナ半島がにぎやかになってきました（図53）。クロがタイからカンボジア北西部へと移動しました。ヤマはベトナム北部からタイの北東部に入り、クロのいたコンカエン（Khon Kaen）の近くにいます。ケンはラオス経由でタイ入りし、ヤマの現在地点から北東に一〇〇キロほどのところで測位されています。

東南アジアでは、日本と同様、いろいろな国や地域でタカ類の渡りを見て楽しんでいる人たちがいます。タカ見のフェスティバルが開かれ、何百、何千もの市民が集まる場所もあります。日本から旅立った鳥たちが、遠く離れた場所で、違う国や地域の多くの人たちと「出合っている」というのは、うれしいことです。

この衛星追跡は、私たちのハチクマがどこの国や地域の自然、そして人たちとつながっているかを

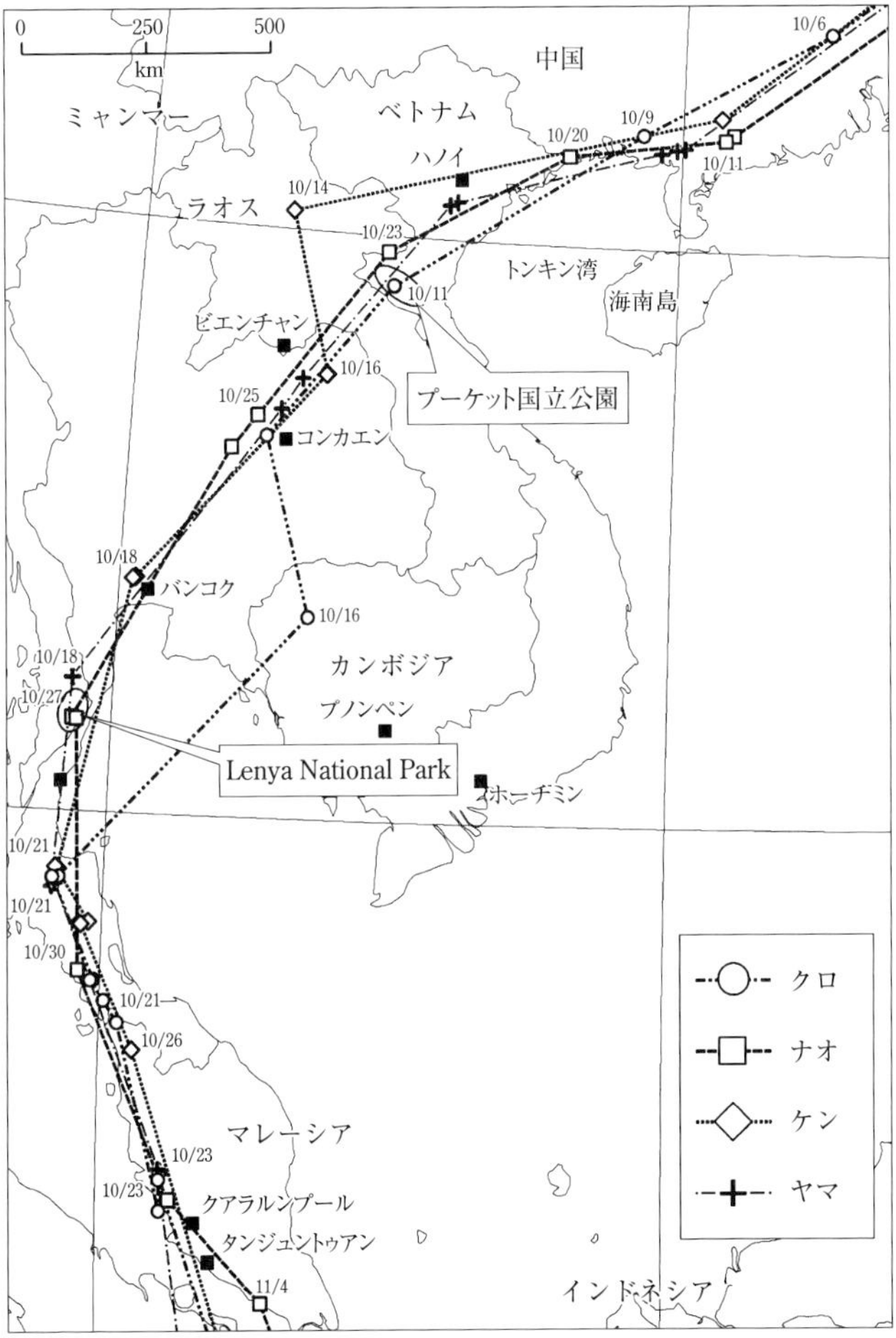

図 53　インドシナ半島からマレー半島あたりまでの渡り経路。

伝えてくれています。

クロ、ナオ、ケン、ヤマそれぞれ、きっと多くの人の目に送られながら移動しているのではないかと思います。鳥たちは、遠く離れた国や地域の人と人をつないでくれています。

一〇月一九日（樋口）

クロ、ヤマ、ケンがマレー半島に移動しました。クロは半島中央部近くのタイ南部、ヤマは半島北部のミャンマー南部、ケンは半島の付け根あたり、タイの首都バンコク近郊にいます。クロがカンボジアから海を越えてマレー半島まで移動したのは注目されます。

クロの現在地点を拡大してみてください。細かく移動している様子がわかります。たぶん、きょうは気象条件などがよく、測位点が多いのでしょう。

ナオも移動しています。ヤマが通過した海南島の北、トンキン湾北部沿岸地域に向かっているように見えます。一昨日（一七日）、孫 可黄さんが紹介しているところです。

それにしても、ハチクマの皆さん、いい旅を続けていますね。きっと、青い海を前方や左右に見ながら、ゆうゆうと渡っているのでしょうね。いいなぁ～、そんな旅をしてみたいものです。

一〇月二〇日（山根善雄さんのコメント）
クロの現在地点、拡大してみました。パームツリーのプランテーションが多いみたいですね。ところで、クロの軌跡ですが、カンボジアから直線でマレー半島に湾を渡ったのでしょうか。私としては、バンコク付近以外は半島沿いをチュムフォーン（Chumphon）も通っていったのではないかと思うのですが。

樋口返信　クロが陸づたいにマレー半島中部まで移動した可能性は否定できませんね。カンボジアでの測位点が一六日の午後一時四三分、マレー半島中部での最初の測位点が一八日午後二時五五分で、丸二日ほどあります。途中がないので何ともいえませんが、陸づたいだとしてもかなり変則的な移動です。チュムフォーンあたりで観察記録があればおもしろいのですが。

一〇月二〇日（山根善雄さんのコメント）

衛星画像でクロのいるあたりを見ると、ほとんど熱帯雨林がなくなっています。大地は緑色をしていますが、ジャングルの代わりにパームツリーのプランテーションが目立ちます。パームツリーからとれるパーム油は私たちの生活にはなくてはならないものです。石鹼、食用油、バイオディーゼル燃料など、生活の中ではエコといわれても、その原料の育成では環境破壊を起こしています。人間生活と環境破壊、むずかしい問題ですね。

一〇月二二日（樋口）

クロがマレーシア北端に入りました。ヤマとケンは、クロが通過したタイ南部の地点近くに移動し

図54　マレーシア（半島部）西海岸のタイピンでタカ類の渡りを見る人々。

ました。もしヤマが、ミャンマー南部からこの地点まで経路図通りに直線的に飛んだとすると、ちょうどチュムフォーンのRaptor Education and Research Centreの上空を通過したことになります。この場所では秋、二五種以上、合計二五万〜五〇万羽ほど（!!）のタカ類の渡りが見られます。次のサイトを参照してください。

http://www.hawkmountain.org/science/khao-dinsor-thailand/page.aspx?id=3553

ナオも遅ればせながら、ベトナム北端に移動しました。

マレーシアでは、一一月三、四日にTaiping Raptor Festivalが開かれます。

http://kcnyian.blogspot.jp/2011/10/taiping-raptor-festival.html

タイピンは半島マレーシアの中西部にあります（図54）。フェスティバルでは、私たちのハチクマプロジェクトについても紹介されます。すでに数多くの人が、ウェブサイトや現地のテレビの広報を通じて、私たち四羽のハチクマの移動を見つめています。

（山根善雄さんのコメント）

チュムフォーンを通過するハチクマだけでも日本で観察される数と桁違いです。これらのハチクマたちがどこで繁殖するのか、ぜひ来年以降に突き止めていただきたく。チュムフォーンほどではないですが、マレーシアのタンジュントゥアン（Tanjun Tuan）を通過するだけでも半端じゃありません。春先に、スマトラ島から湧いて出てくるようにマラッカ海峡を渡ってくるのは圧巻です。もちろん、現地のタカフェスティバルもあります。

http://mesym.com/?p=725

一〇月二三日（樋口）

クロとヤマが、おそらくタイピンの上空を通過し、半島マレーシアの中西部、首都クアランプールの北西一〇〇～二〇〇キロのところに進みました。タイピンで姿が見えたかどうかはわかりませんが、現地の人たちの多くはネットでこの鳥たちの動きを追っていますので、きっと大喜びされたことと思います。

ナオも移動しました。しかし、残念ながら経路図では、ミャンマー東部のミラー位置をとってしまっています。ミラー（mirror）位置とは、アルゴスシステムによる位置測定の結果示される二点のうちのひとつ（虚像）で、実際の位置ではありません。完全自動化で経路図を描いているために時折起きる現象で、現在、この問題の解決法を検討しています。実際の位置は、もうひとつの測位点、ラオス東部と判断されます。なるべく早い時期に修正したいと思います。

ケンは二日ほど前に測位された地点から動いていないようです。

さて、これらの鳥がこれからどう動くのか、またどこまで行くのか、興味津々です。経路図から、もう目が離せません！

一〇月二五日（樋口）

隠岐付近に落ちたヤマのミラー位置と、ミャンマー東部に飛んでしまったナオのミラー位置を削除、修正しました。ナオはその後、修正されたラオス東端からタイの東北部に移動しました。クロ、ナオ、ケンのいずれもが通過したコンカエン（Khon Kaen）の付近です。

クロ、ナオ、ケンの位置は、大きく動いてはいません。クロはいったん海上に出たものの逆戻りしてしまったように見えます。世界の天気を見ると、このところクアラルンプール周辺は雨がちのようです。鳥も動きにくいでしょうし、太陽電池も働きにくいと思われます。

四羽に装着した送信機のことを書いておきます。今回使用している送信機は米国製で、重さ九・五グラム、一円玉一〇個にも満たないものです（一円玉一個は一グラム）。研究用には二〇グラム以上の送信機を使うことが多いのですが、今回は鳥への負担を軽減するため小さい送信機を使用しました。

そのため、オン／オフの周期は一〇時間オン／四八時間オフと稼働時間が短くなっています。測位間隔が好条件のもとでも二日前後になっているのはそのためです。それでも、こんなに小さい送信機から発信される電波が衛星まで届き、位置測定できるのですから驚きです。
お天気になれば、おそらくスマトラまで到達するものが出るのではないかと思います。

インドネシアへ

一〇月二六日（樋口）
クロとヤマがスマトラに移動しました！
（いろいろなコメントが入った）
山根善雄さん
タンジュントゥアン（Tanjung Tuan）経由でしたね。動線はクアラルンプール北部から直行を示していますが、地形と上昇気流を考慮するとマラッカ海峡を渡るためには、タンジュントゥアンを通ったと考えられます。
HYさん
まったくくわしくない者ですが感銘を受けました！　元気に過ごしてほしいものです。
一ノ瀬友博さん
とうとうインドネシア到着ですね。

一〇月二八日（樋口）

ナオがマレー半島北部に移動し、ミャンマーのLenya National Park内で過ごしています。ケンはタイ南部からマレーシア北部に移動しました。

クロとヤマはスマトラの中北部に留まっています。この二羽は、経路図では示されていませんが、地形と気流の関係からタンジュントゥアンからマラッカ海峡を越えてスマトラに入ったのではないかと考えられます。二日ほど前に、山根善雄さんがコメントしてくださっている通りです。

タンジュントゥアンは、クアラルンプールの南、スマトラに向かって突き出した岬にあります。春には北上するタカ類を見るRaptor Watchのフェスティバルがあり、たくさんの人が訪れます。以下のサイトが参考になります。

http://mnsrw2012.wordpress.com/

いよいよインドネシア領に入ったこの鳥たち。さて、これからどう移動するのでしょうか。あす、何らかの動きがあるのではないかと期待しています。

（YEさんからのコメント）

まるでGPSを積んでいるようなクロたちの行動。感激、感激！

一〇月三一日（樋口）

クロとヤマがジャワ島に入りました。インドネシアの首都、ジャカルタの西で測位されています。ケンは、スマトラ（に入ったのち）南東方向に二〇〇キロほど移動しました。ナオは、ミャンマーの南部からタイ南部に移動しました。ほかの三羽と同様、半島マレーシアの西海岸沿いを移動するようです。

クロとヤマは、渡りの終盤に入っているようです。どこが終着点になるのか、注目されます。ケンは、クロやヤマとは違う方向に行くような気がします。どうなるでしょうか。

マレー半島の先端、シンガポール経由で南下を続ける鳥がいてもよいと思うのですが、ナオは果たしてどのように南下するでしょうか。

まだまだ楽しみは続きます。

さらに東へ

一一月二日（樋口）

クロとヤマが、ジャワ島内を東に向かって進んでいます（図55）。どこまで行くのでしょうか。

ケンは、スマトラを東岸沿いに進んでバンカ島に入りました。経路はジャワ島よりもボルネオ方面に向かっています。ボルネオに入るのではないでしょうか。

大陸内の長い旅を終え、赤道をまたいでの島旅、いいですねぇ。ほんとうに、こんな旅をしてみたい！

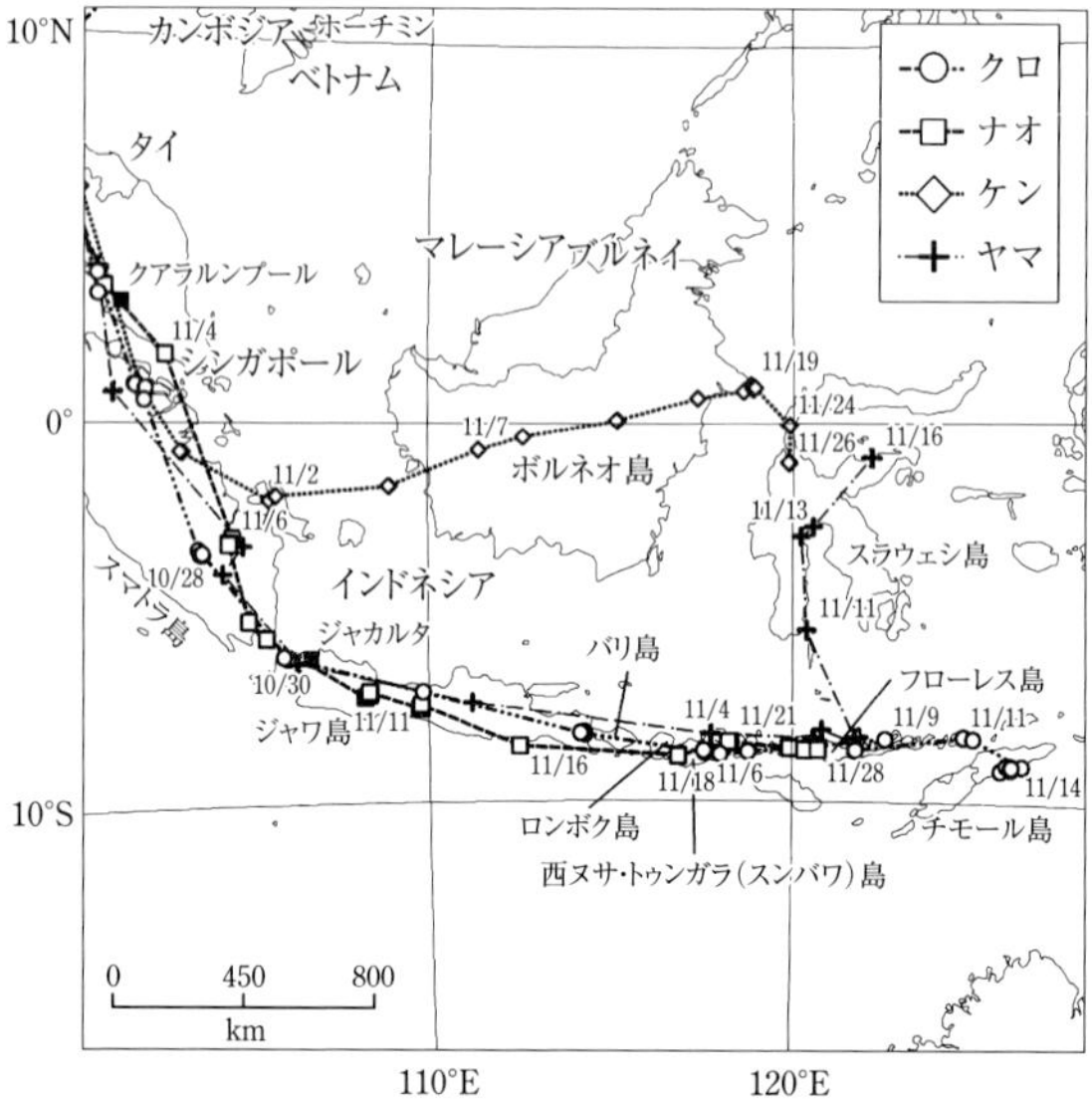

図 55　インドネシアとその周辺での渡り経路。

ナオは、クアラルンプールの近郊まで来ています。ほかの三羽同様、マラッカ海峡を越えるのか、それともシンガポール経由で南下するのか、どちらの可能性もあるように思われます。そのあと、どこに向かうのか。

四羽が元気に旅を続けてくれているのが、何よりです。

（NGさんのコメント）

天然龍脳を産するボルネオ島まで、自分の翼ひとつで飛んで行くのですから、ハチクマさんはほんとうに偉い！　あこがれます。

一一月四日（樋口）

クロとヤマが東に向かって島旅を続けています。クロはジャワ島の東端に移動し、ヤマはバリ島、ロンボク島を越え、西ヌサ・トゥンガラ島で測位されています。

ヤマは、バリ島とロンボク島の間に敷かれているウォーレス線を越えましたので、生物地理学的にはオーストラリア区に入ったことになります。旧北区、東洋区、オーストラリア区と、三つの生物地理区にまたがって移動しています。ほんとうに、すごい！　どこまで行くのでしょうか。

ケンはバンカ島内に留まっています。様子見でしょうか。

ナオはマレー半島の南部を移動し、シンガポール方面に向かっています。

（一ノ瀬友博さんのコメント）

ヤマは、ヌサ・トゥンガラ島まで行ったのですね。びっくりです。どこまで行くのでしょう。

一一月五日（樋口）
ケンがボルネオに向かっています！

（インドネシア・ボゴール大学のSyartinilia　Wijayaさんから、電子メールでメッセージが届いた。

「こちらではとても多くの人たちが、ハチクマプロジェクトのサイトで四羽の移動に見入っています。この鳥たちの移動の様子は、多くの人たちにとって非常に重要だと思われます。」）

一一月七日（樋口）

ヤマ、クロともに小スンダ列島をさらに東に進んでいます。ヤマはフローレス島に、クロは、ヤマを追うようにして西ヌサ・トゥンガラ島（スンバワ島）に移動しています。

注目のケンは、ボルネオのすぐ手前のカリマタ島で測位されたままです。次の測位点が注目されます。

ナオはスマトラ南部に移動しました。が、測位点の間が空いているため、途中の経路がわかりません。地理的な条件などからは、シンガポール経由だったのではないかと予想されるのですが……

ヤマの最新の位置を拡大してみると、海上で測位されています。要注意です。

一一月七日（樋口）

ケンがボルネオ南西部に移動しました！　予想していたこととはいえ、すばらしい！　のひとことに尽きます。

でも、どうしてこんなに大きな迂回経路をとるのでしょうね。不思議です！

（山根善雄さんのコメント）

クロとヤマ、どこまで行くのでしょうか。

（MNさんのコメント）

フィリピンを通ってとは行かないんですね。ミユビシギなどもこんなルートをとるのでしょうか。

さらに南オーストラリアまで？　ハチクマの最終地点が楽しみです。

（HKさんのコメント）

すごい。ルートを見るのがとても楽しみです。がんばれ!!

（TMさんのコメント）

ふだん地上からものを見て考えていないので、人間感覚だとむずかしい。鳥の勘、空の色、海の色、木々の分布、空気の匂い（鳥の嗅覚はどうなんでしょうか）。ケンはフィリピンに親戚がいるのでは。

一一月七日　HTさんのコメント
最終氷期のスンダランドをたどるようだね。

一一月七日（樋口）
中国語情報発信の担当、孫 可黄さんが、このプロジェクトを通じて得た中国の密猟についての情報をまとめてくださいました。心の込もったとてもよい文章ですので、多くの人に読んでいただきたいと思い、本プロジェクトのサイト、「目撃情報欄」に掲載しました。ぜひ、お目通しください。
http://hachi.sfc.keio.ac.jp/witnessing.html

（以下に掲載する）

「ウェブを見ながら密猟について考えた」

孫　可黄（慶應義塾大学大学院政策・メディア研究科）

ハチクマプロジェクトの中国語発信者を担当させていただいた二か月間、いろいろありました。九月下旬、ハチクマたちがまだ日本にいた時、西日本から何通ものメッセージが届き、クロを見た喜びを伝えてくださった。その時、うれしい気持ちとともに、うらやましい気持ちもあった。中国を渡っているとき、こんなメッセージが来てほしいと思った。

やがて、ハチクマたちが東シナ海を越えて中国大陸に入り、一〇月九日に「中国のフェイスブック」と呼ばれるsinaミニブログでハチクマプロジェクトの発信が開始された。ハチクマたちが「遠く」まで飛べるようにという願いも込めて、フェイスブックを利用できない中国国内の方々に同じ喜びを与えたいためであった。開通してわずか二週間、ファンが一〇〇人を超え、注目度もどんどん増加している。そして、期待していたハチクマたちに関するメッセージも届いた。ところが、予想と違って、そのメッセージはハチクマたちを心配するものだった。地元は密猟がさかんだからだそうだ。

ハチクマたちが経由した広西チワン族自治区は自然の豊かな地域で、多民族がともに暮らす地域でもある。そこに毎年渡りの時期になると、密猟者がたくさん集まって、散弾銃や罠を使って鳥を捕まえている。捕獲した鳥は近くのペット市場や、飲食店に販売し（地元は白鳥などの野鳥を食べる習慣があるらしい)、お金をかせぐ。一日の捕獲数は、なんとトンにのぼったころもある。近年、密猟に参加する人の数もだいぶ増加し、もはや警察だけでは抑えられない勢力になっている。

このメッセージを受けた一週間、無力感を味わいながら、渡りの列の一番後ろに残されたナオの位置情報を毎日チェックし、広西を離れるまでなかなか落ち着けなかった。

ようやくナオがベトナムに入り、それを発信したとたん、もう一通のメッセージが届いた。

「ナオちゃんはぶじ中国を出ましたか? ほっとしました。」

「私は北海冠頭嶺の野鳥保護NPO組織の者です。毎年、鳥の密猟者たちと戦っています。今年は仲間たちと協力して、ここでの密猟事件をだいぶ減らすことができました。この数日間、ナオちゃんがまもなくここを通ることを知り、毎日出勤するさいに非常にドキドキしました。昨日、同僚が一本の木の上で、空きのタカの罠を解除した時、ナオちゃんがいなくてよかったと思いました。」

「ナオちゃん、ここから出たとはいえ、先はまだまだあるから、気をつけてね。いつ来ても守ってあげるよ、私たちもがんばるから。」

ちょうどその翌日、中国政府が渡り鳥の保護条例を打ち出し、全国の渡り鳥の重要中継地となった場所の安全性を強化しようとした。ミニブログでの愛鳥者たちも沸騰し、密猟者たちの散弾銃に対し、彼らはカメラを持ち、不法な行為と顔写真を撮ってネットにアップし始めた。銃を奪えという怒濤のコメントも殺到した。

その様子を見て、私はこう思った。われわれが対応すべきなのは、一丁二丁の銃ではなく、その悪い信念を支える売買関係であり、長いあいだ地元の人の心に根差された伝統観念である、と。広西に住む人たちも乱暴・愚かな者ではなく、ただ自分がまちがっていることを知らず、正しいことを教えてくれる人がいないからにすぎない、と私は信じている。

未来は予知できないが、ミニブログ内に輪が少しずつ拡がっていくのを見て、希望の灯が心にともった。

一一月一〇日（樋口）

クロが、西ヌサ・トゥンガラ島からフローレス島の中央部に移動しました。ヤマは、フローレス島の沿岸を少し東に移動しています。どちらも、小規模に行きつ戻りつしています。そろそろ、終着点となっているのでしょうか。ヤマの位置が、何度か海に出ているのが気になります。

ケンは、ボルネオ内をさらに東に進んでいます。現在、中央部からやや東寄りで測位されています。

ナオはスマトラ南端まで来ています。

全員、インドネシア各地をそれぞれに移動中、ということになります。それにしても、インドネシアはスマトラからジャワ、小スンダ、ボルネオ（カリマンタン）まで広範囲に及んでいますね。この四羽は、それらの地域を存分に利用しているようです。

小スンダの海はコバルトブルーに輝き、ボルネオの森は霧に包まれているのでしょうか。ケンの現在地点は、オランウータンの分布域と重なっています。ハチクマはあまり深い森の中には入っていかないようですが、ひょっとして、森の縁などでオランウータンと出合っているかもしれません。ああ、うらやましい！

（いろいろなコメントが寄せられた）

時田賢一さん　ほんとうにうらやましいですね。

YEさん　ずいぶん遠くまで行きますね。何をしに行くのでしょう。いずれにせよ感激。

OSさん　いつも楽しく、また感動しながら家族で地図と照らし合わせながら拝読しています。家の上空を渡っていくタカたちを見送りながら、かれらはどこへどのように旅をしていくのだろうと思っていました。また来年、かれらが無事渡ってくることを祈ります。貴重な研究成果を見せていただき、ほんとうにありがとうございます！

NMさん　人間の争いごとなどはるか眼下に見下ろして、国境も赤道も海も越えて飛んで行くんですね〜。感動です。

一一月一二日（樋口）

な、なんと、ヤマがフローレス島の沿岸部から九〇度以上方向転換してスラウェシ島に渡りました!!　要注意とは書いておきましたが、まさかこんなことになるとは予想もしていませんでした。ハ

図 56　ジャワ島のタシクマラヤ付近の風景。日本の里山の風景を想わせる。

チクマって、ほんとうにすごいことをする鳥です。

ナオはスマトラ南端からジャワ島西部のタシクマラヤ近郊（図56）に移動しました。

（いろいろなコメントが寄せられた）

山根善雄さん　ヤマ、無事でよかったです。

一ノ瀬友博さん　なんと！

ＭＡさん　ヤマとケン、どこかで待ち合わせ!!

時田賢一さん　おもしろい、楽しい、驚きがあるから探求なんですよね。でもほんとうに驚きました。

ＴＫさん　野生の行動って、予測できないところがおもしろいですね。

山根善雄さん　スラウェシ、よいところです。クロはそろそろ落ち着くのでしょうか。

ＣＫさん　この渡りの四〇〜五〇日間ハチクマ何を食べているのでしょうか。

一一月一二日（樋口）

ヤマにはほんとうに驚きました。二日前に、ハチクマたちがインドネシア各地を存分に利用しているようだ、と書いた時、スラウェシに行った鳥がいないのでちょっと気が引けました。それから少しして、思ってもいないことが起きたのです。

ヤマはこれから、スラウェシ内をどう動くのでしょうか。

クロは、東チモールの目前まで来ています。訪問国をもうひとつ増やすのでしょうか。

ケンはボルネオ内をさらに東に進み、沿岸近くまで来ています。ひょっとして、スラウェシに渡る？　どうでしょう。

まだまだ気が抜けません。

（いろいろなコメントが寄せられた）

ＨＨさん　かれらの旅を想像すると、胸が締めつけられるような感動をおぼえます！　ありがとうございます！

ＹＥさん　ほんとうにすごいですね。ところで餌をどのようにとっているのでしょうか。

樋口返信　別項目で台湾の張先生にもお伝えしたのですが、渡り途中や越冬地での採食習性についてはよくわかっていません。が、越冬地での重要な食物のひとつはオオミツバチです。樹上などに集団で巣をつくり、巣の大きさは畳一畳くらいになることもあります。そうした巣にハチクマは突っ込んでいきます。

NKさん　今さらながら、何を目印に飛んでいるのでしょうと思ってしまいます。
YEさん　ありがとうございます。それにしても超省エネ飛行ですね。ほんとうに感動します。
樋口返信　NKさま　きちんと書くと長くなるのですが、ざっというと、鳥たちは太陽の位置、星座、地磁気、視覚情報などを巧みに組み合わせて使っているようです。もっとも、タカ類が実際にどうしているのかはよくわかっていません。

一一月一四日（樋口）
昨日より、ハチクマプロジェクトのサイトの経路図部分がきちんと機能しなくなっています。調べたところ、サーバーの不具合によるもののようです。
現在、復旧を急いでいますが、しばらく不都合が続くようです。ご容赦いただければ幸いです。

一一月一四日（樋口）

ご心配をおかけしましたが、サイトが復旧しました。

ヤマがスラウェシを北上（！）しています。現在、島の中央部、パラポ（Palapo）の付近で測位されています。

ナオはタシクマラヤ近郊から一五〇キロほど東に進み、ジャワ島の中央部に移動しています。

クロとケンの位置は変わりありません。が、もう少し動くのではないかと思われます。

一一月一五日（樋口）

クロが東チモールに渡りました。訪問国をひとつ増やしたことになります。ここが終着点でしょうか。

ヤマはスラウェシに入って以来、沿岸部を移動しています。今後の動きに注目です。

ナオはジャワ島中央部で測位されています。このへんも越冬地にふくまれているのですが……。

ケンはボルネオ東部沿岸に移動して以来、測位されていません。位置からしてまだ動きそうな気配なので、要注意です。

時期からすると、そろそろ渡りは終わりに近づいているはずなのですが、鳥たちはまだ興味深い移動を続けています。

一一月一九日（樋口）

一一月一七日に、大谷 力さんから以下のご連絡をいただきました。ご参考になれば幸いです。

大谷と申します。ハチクマ渡りのサイトを興味深く拝見しています。

昨年一〇月二八日、バリ島でハチクマの渡りを目撃していたことを思い出し、ご参考までにお知らせします。

探鳥記録は以下のサイトにアップしてあります。

http://blogs.yahoo.co.jp/casiornis1/folder/942290.html

記録を見たところ、この日（おそらく三〇分程度の時間で）およそ七〇羽をカウントしていました。

一一月二四日（樋口）

ケンがボルネオからスラウェシへと渡りました！　ヤマとは異なる経路で同じ島に移動したのです。両者の距離二五〇キロほど。まったくもって驚きです。

あらためて衛星追跡の威力と鳥たちの不思議に感動します。

ナオは西ヌサ・トゥンガラ島からヤマやクロ同様、フローレス島に移動しました。

ヤマとクロに大きな動きはありません。

（その後、大きな変化はなく、鳥たちは越冬地での安定期に入ったものと思われる）

秋の渡り公開、終了

一一月二九日（樋口）

ケンが数日前にスラウェシ島を少し南下した以外、大きな動きはありません。しばらく位置がとれなかったヤマも、最終地点から離れていないことが確かめられました。どうやら、ケンをふくめてどの個体も安定期に入ったようです。

クロが青森を出発したのが九月二〇日。あれから二か月と一〇日ほどが過ぎました。この間、予想もつかないことをふくめて、さまざまな驚きと感動がありました。このサイトを見てくださっている多くの方からも、いろいろな感想や情報をいただきました。

経路図をあらためて見てみると、鳥たちは全体として、日本から東南アジアの越冬地まで美しいCの字を描いて渡っているのがわかります。マレー半島の南部あるいはスマトラくらいまでは、多少の違いはありますが、どの個体も同じような経路で移動しています。その先からは、おもしろいことに経路が個体によって大きく異なっています。ケンはボルネオからさらにスラウェシへと渡り、ヤマはフローレスから九〇度以上方向転換してスラウェシに移動しています。驚いたことに、後半の経路は大きく異なっているのに、ケンとヤマの最終地点の位置は二〇〇キロほどしか離れていません。

今後、まだ多少の動きはあるかもしれませんが、このハチクマプロジェクト、秋の渡りの部は、本日をもって一応終了とさせていただきます。現時点での経路図などはこのままサイト内に留めておく予定です。これまで皆さまとともに、楽しく刺激に満ちた時間を共有できたことを、とてもうれしく思っております。

また何よりも、四羽が無事越冬地までたどり着いたことをうれしく思っています。ケン、クロ、ナオ、ヤマ、たくさんの感動をありがとう！
春の渡りは、二月から開始されると予想されます。その時期が来ましたら、サイトを再開いたします。この鳥たちが果たしてどのような経路をたどって日本に戻ってくるのか、秋とは違った驚きや感動があるものと思われます。ご期待ください！

（たくさんの意見や感想が寄せられた。その中から三つを紹介）

ＡＹさん　ハラハラどきどきしながら四羽の飛行経路を追っていました。三羽は私の住んでいる北九州市の上空を通過。ヤマだけ四国から中部九州を通り東シナ海へ……。すべてのハチクマが無事南方の島々に着いてホッとしています。春にはまたほぼ同じルートを通って日本に帰ってくることでしょう。See you again!

ＣＹさん　しばらくの期間、甑島列島にてハチクマの秋の渡りを観察していました福岡県のＣＹと申します。このたび、ハチクマたちの秋のすばらしいツアーをリアルタイムで実体験する機会を公開していただき、ほんとうにありがとうございました。あらためて、自然児たるハチクマの偉大さを嚙みしめる場となりました。さっそく、春のお帰りツアーの経路も待ち遠しくなりました。新年も、ハチクマたちとそれをとりまく環境とハチクマたちに想いを寄せる皆さま方によりよき一年でありますよう!!

ＴＧさん（英国王立鳥類保護協会職員）　私はフェイスブックを使っていませんので、電子メールで伝えます。すばらしいメッセージの数々をありがとうございました。このプロジェクトはほんとうに興味深いものです。四羽のハチクマたちが無事に越冬地に着いたことをうれしく思います。

こうして、ハチクマプロジェクト、秋の渡り公開は無事終了した。結果自体は、これまで研究を通じて得てきたのと大きく異なるものではないが、私自身、今回は一羽一羽、一つひとつの動きを余裕をもって丹念に見つめることができた。また、フローレスから九〇度以上方向転換してスラウェシに渡ったヤマの動きなどは、これまでに経験したことのないものだった。毎日、位置や移動を確かめるのが楽しく、刺激的だった。サイトを見ていた多くの人も、同じ感情を抱いてくれていたに違いない。

この間、日本では読売新聞、朝日新聞、各地方紙（共同通信が配信）がプロジェクトを紹介し、海外でもいろいろなウェブサイトやテレビ番組などがプロジェクトや渡りの様子をとりあげた。個人的にも、国内外ともに多数の方からお便りをいただいた。国外では、とくにマレーシア、シンガポール、インドネシアなどで多くの方がサイトを見つめ、鳥たちの行方を日々追っていたようだ。

同じ鳥たちの渡りの様子を異なる国や地域の人たちが見る。ちょっと不思議で、なんともうれしいことである。プロジェクトのサイトでは、日本語、英語、韓国語、中国語、インドネシア語で情報発信していたので、ことばの壁を乗り越え、数多くの人といろいろな情報を共有できたのではないかと思われる。

五年ほど前、マレーシアで開かれたタカの渡り国際シンポジウムの折のことを思い出す。ハチクマの渡りをスライドのアニメーションを使って見せていたところ、鳥たちがベトナムに入ればベトナムの参加者がウォーという声を発し、タイ、マレーシア、インドネシアを通過する時にはそれぞれの国の人が歓声をあげる。おそらく今回も、それぞれの国の人たちが、自国とその周辺を鳥たちが移動するさい、時には歓声をあげながら鳥たちの行方を追っていたのではないかと推測される。

渡り鳥は、ほんとうに異なる国や地域の人たちをつないでくれている。このプロジェクトを通じて、あらためてその感を強くすることができた。

第4部　鳥・人・自然

第10章──これまでの研究生活を振り返って

二〇一二年三月、東京大学の定年退職を迎えた。研究らしい研究を始めたのが、大学学部三年の頃だから、研究生活四〇年以上ということになる。これまで述べてきたように、この四〇年あまり、いろいろなことにかかわり、研究を進めてきた。研究の歴史は、人とのかかわりの歴史でもある。たくさんの人と議論し、ともに調査し、論文を書いてきた。

これまでの研究生活を振り返り、かかわった人との歴史もふくめて、何をやってきたのか、どんな成果をあげたのか、何が楽しかったのかなどについてまとめてみたい。

鳥との出合い

鳥の研究らしい研究を始めたのは大学の学部三年の頃ではあるが、そもそもどのようにして鳥と出合い、鳥類研究を志したのかについてまず述べておきたい。

私は子どもの頃から鳥や自然に関心があった。小学生から中学生の頃にかけて、昆虫採集、魚釣り、カエル捕りなどに興じていたが、鳥にはとくに強い関心をもっていた。中学生から高校生の頃には、いろいろな小鳥とともに、自宅の庭でキンケイ、ギンケイ、ハッカンなどのキジ類やアヒルなどを飼育し、繁殖させた（図57）。

キジ類との出合いは衝撃的なものだった。横浜のすまいの近くに、たまたまキジ類の研究者として知られる丸 恒円さんが住んでおられた。丸さんのお宅では、さまざまなキジ類を飼育していた。キンケイの雄を見て、私は驚いた。頭上に金色の冠、その下に黄色と黒の横縞のある襟羽、胸から腹にかけては赤、背中は緑、つばさは藍（あい）、腰は黄色と、目のさめるような美しさ（図58）。尾の長さは体の二倍ほどもある。しかも、その美しい体をサッ、サッ、サッとリズミカルに移動させ、全体に褐色の雌のそばで、襟羽を大きく拡げ、美しさをきわだたせる。信じられないほど美しく、かっこうよかった。

美しいのはキンケイだけでなかった。白、黒、緑、赤、黄色などの配色がキンケイとは異なり、尾の長さが体の三倍ほどもあるギンケイ、上面が白、下面が藍色、大きな房状の長い尾をもつハッカンなど、それらの美しさに圧倒された。

キジ類は高価な鳥であるので、成鳥を入手することはできなかった。丸さんのお宅をはじめ、湘南地方でキジ類を飼育しているお宅をあちこち訪ね、卵を無料でゆずってもらった。どのように「交渉」してゆずってもらったのか、おぼえていないが、飼育している人の多くは五〇代から七〇代の方

図 57　高校時代、自宅の庭でアヒルとともに。背後にあるのはギンケイの飼育小屋。

図 58　キンケイ。この鳥との出合いによって、私は鳥の世界にのめり込むことになった。

で、このちょっと変わった中学生、高校生にみな親切だった。

卵を孵化させるのには、やはり飼育していたチャボやシャモに卵を抱かせる以外に、ひよこ電球とコタツ用サーモスタットを使って自作した孵卵器も利用した。自分自身の努力で新しい命が次々に誕生してくることに、大きな喜びと感動をおぼえた。孵化したひなたちはとてもかわいらしく、その成長を見ていくのも大きな楽しみだった。成長したキジ類の雄は、二年ほどで目のさめるような美しい鳥に変身した。

一方、私は野山をかけめぐり、いろいろな植物、昆虫、魚、貝、コウモリなども観察、採集、あるいは飼育した。生きものとのふれあいは、いつも新鮮で、胸がときめくものだった。当時使っていた図鑑には、隅から隅まで目を通した。

思い返してみると、私はいつも生命（いのち）に関心があった。卵から孵化してくるかわいらしいひな、それが成長して目のさめるような美しい生きものに変身するキジ類、卵から幼虫が生まれ、やがて蛹となり、美しい成虫に変身するチョウ、種子や球根から芽生え、色とりどりの花を咲かせる植物などなど。こうしたいろいろな生命とその営みを身近で見ながら、日々、驚き、感動していた。とくに、鳥類の美しさと興味深い行動は、野外でも飼育下でも見ていて飽きることがなかった。

鳥類学者になりたい、と思うようになったのは高校時代。一九六五年、当時、宇都宮大学の教授であった清棲幸保先生が、『日本鳥類大図鑑　I～III巻』（講談社、一九六五年）を出版した。この頃、日本の鳥類について、とくに生態についてくわしく書いてあるのは、この本しかなかった。高価な本であったため購入することはできなかったが、図書館などでながめながら、よし、絶対、鳥類学者になるぞ、と思った。大学は迷わず宇都宮大学へ。

清棲先生は私が入学した年の三月に定年退官されていたが、非常勤講師で週に一度、講義に来られていた。清棲先生には日光や塩原などに連れていっていただき、野生の鳥の生態、あるいはその観察や撮影の方法などについていろいろなことを教えていただいた。宇都宮には高校時代に飼育していたキジ類をもっていったが、野犬に襲われて全滅してしまった。それを機に飼育からは離れ、野生の鳥の生態観察に集中することにした。

研究との出合い

宇都宮大学のある栃木県には、日光や塩原、那須があり、鳥の観察には事欠かなかった。また一九六〇年代から七〇年代、宇都宮市内の野山にはサンコウチョウ、ヨタカ、ヒクイナなど、今ではほとんど姿を消してしまった鳥たちをふくめて多くの鳥が生息していた。いろいろな鳥たちを観察することは、無条件に楽しかった。

しかし、この当時、研究するとはどういうことなのかが、いまひとつつかめていなかった。

そんな折、清棲先生から伊豆諸島の三宅島がおもしろいところだと教えていただいた。下村兼史の『北の鳥、南の鳥——観察と紀行』（三省堂、一九三六年）が重要な情報源であることも教えていただいた。そこに記述されていた三宅島の自然と鳥の世界に魅せられ、さっそく出かけてみることにした。

学部生三年の夏だった。

三宅島には、信じられないくらいたくさんの鳥がいた。種数は限られていたが、個体数、あるいは単位面積あたりの密度が並はずれて高かった。アカコッコ、コマドリ、イイジマムシクイ、ヤマガラ、カラスバトなど、鳥ってこんなにたくさんいるものかと感動した。鳥たちの多くは、あまり人おじせず、観察するのも容易だった。また、それらの鳥の多くは、本州にすむ同種あるいは近縁種と羽色や鳴き声、生態などのいろいろな点で異なっていた。それ以来、三宅島、伊豆諸島、そして島の鳥に大きな興味をもつようになった。

この頃、山階鳥類研究所の浦本昌紀先生（のちに和光大学教授）のもとに鳥の生態研究に励む若手研究者が集まって勉強会を開いていた。私もそこに加わって多くのことを学んだ。とくに、この勉強会を通じてマイヤー（E. Mayr）の“Systematics and the Origin of Species”（Columbia University Press, 1942）や“Animal Species and Evolution”（Harvard University Press, 1963）、ラック（D. Lack）の“Darwin's Finches”（Cambridge University Press, 1947）、マッカーサーとウイルソン（R. H. MacArthur and E. O. Wilson）の“The Theory of Island Biogeography”（Princeton University Press, 1967）などに出合い、島の生物学研究により関心をもつようになった。

博士課程は東大の林学課程へと進み、森林動物学研究室に所属した。博士論文のテーマには、本州本土と伊豆諸島のヤマガラの比較生態を選んだ。伊豆半島南部の南伊豆にある東大の演習林のひとつ樹芸研究所と、伊豆諸島の三宅島との間を行き来しながら、採食場所、採食方法、食物などの採食生態と、産卵期、一腹卵数、繁殖成功率、育雛期間などの繁殖生態、また個体識別にもとづく社会構造、採食生態と関連した形態上の特徴などについて調べた。さまざまに興味深い結果が得られ、無事、博士号を取得した。一九七五年、二七歳の時だった。

博士号を取得したのち二年間は、台湾、ソ連（当時）、アメリカ、カナダなど、海外のあちこちを訪問し、いろいろな研究者と交流を深めた。一九七七年には、東大農学部の助手に採用された。

高校生の頃、母親に「将来は何になりたいの？」と聞かれ、「鳥の学者！」と答えた。母には「それは無理よ。鳥の研究なんてお殿様や華族様がやるものよ」といわれた。たしかに、その当時、鳥の研究者の多くは、お殿様や華族様の子孫であり、大学に職を得た清棲先生も、もと伯爵だった。鳥の研究者になるのは、母のことばに代表されるように簡単なことではなかったが、幸いにして東大の助手に採用されたことで、プロの道を歩むことになった。

赤い卵の謎にとりくむ

その後、島の鳥類研究は、小笠原諸島、トカラ列島、先島諸島などをもふくむ日本各地の島々で、今日に至るまで続けている。この過程では、既存の文献調査や野外観察の結果にもとづき、日本列島におけるキツツキ類各種の分布と共存についてもまとめた。

一方、島の問題にこだわることなく、キツツキ類以外の近縁種でも、採食生態や形態の違いと共存のあり方について研究した。セグロセキレイとハクセキレイ、ハシブトガラスとハシボソガラスなど

図 59　ホトトギスのいない北海道で、ウグイスの赤い卵のある巣に産み込まれたカッコウ類の卵（左のひとつ）。

についての比較研究が代表的なものである。これらの研究を行なっていた一九七〇年代、一九八〇年代には、米国のマーティン・コディ（Martin L. Cody）やジャレド・ダイヤモンド（Jared Diamond）らによって類似の研究が欧米でも活発に行なわれており、近縁種の共存や種構成をめぐる群集研究についての論文が量産されていた。

近縁種間の競合、共存をめぐる私の研究の中で、広く知られるようになったのが、カッコウ類の托卵をめぐる研究だ。のちに『赤い卵の謎』（思索社、一九八五年）の中にまとめられる研究で、概要は次のようなものだ。

「赤い卵の謎」とは、ホトトギスがいない北海道で、ホトトギスになりかわってウグイスの巣に赤い卵を産み込む托卵鳥がいるのだが、それはいったいだれなのかという謎である（図59）。私がこの問題にとりくむことになった一九七〇年代後半当時、旭川では、「犯人」をめぐって意見が二つに分れていた。ひとつは「カッコウ説」、もうひとつは「ホトトギス説」である。「カッコウ説」をとる人たちは、旭川にはホトトギスがいないことを重視する。また、赤い卵が托卵されている巣のそばにはカッコウがよくいるとも主張する。「ホトトギス説」をとる人たちは、たしかにホトトギスの声は聞かれないが、それはいないということの証明にはならない、という。また、日本のどの鳥の本を見ても、ウグイスの巣に赤い卵を産み込むのはホトトギスだと書いてある、と主張する。

犯人探しは、托卵されそうな巣のそばに潜んでいて、やってきた鳥を確かめればよいのだが、これはどうしてなかなかそう簡単なことではない。まず、托卵の現場を押さえるというのは、非常にむずかしい。張り込んでいる巣のすべてにやってくるわけではないし、いつくるかもわからない。また、やってきても、巣の中に入っている時間はほんの数秒であり、しかもカッコウ類の姿は互いによく似ているのである。

私は現地の協力者とともに、赤い卵が托卵されているウグイスの巣をさがし、その赤い卵からかえるひなを調べることによって、犯人を特定することにした。カッコウ類の成鳥の羽色はよく似ているのだが、巣立ち前後のひなの羽色は種によって違っている。また、羽色が比較的よく似ているホトトギスとツツドリのひなは、体の大きさによって区別ができるのである。

調査を始めてから二年目になって、ようやく何羽かのひなを育てることができた。ひなの飼育は問題解決の鍵をにぎるだけに慎重に行なわれたが、羽色の特徴が明らかになる中で、日々の飼育は楽し

図 60　赤い卵からかえったのは、ツツドリのひなだった。

く、刺激的なものだった。結果はどうだったか。このひなたちは皆、ずんぐりとした体つきの、全体に黒い羽色の鳥になった。かれらは、カッコウでもホトトギスでもなく、なんとツツドリだった（図60）。

この赤い卵の謎をめぐる研究は、今日に至るまで続いている。最近の研究によれば、ツツドリは北海道でウグイスだけでなく、本州同様センダイムシクイにも托卵している。しかし、その巣には白っぽい卵ではなく、赤い卵を産んでいる。ムシクイ類は色に無頓着なようで、その性質を利用してツツドリは宿主を拡げることに成功しているようだ。この関連のことがらは、東大の研究室にいた森さやかさんらによって明らかにされ、先の『赤い卵の謎』の続編ともいえる『赤い卵のひみつ』（小峰書店、二〇一一年）に紹介されている。また最近、"Ornithological Science"にも原著論文が掲載された（Mori *et al.* 2012）。

托卵をめぐる研究は、この赤い卵の謎に端を発して、

図 61　米国アナーバーにあるミシガン大学（University of Michigan, Ann Arbor）の動物学博物館。

托卵習性の進化一般にかかわることがらにも発展した。托卵習性の個々の要素にどのような意味があり、宿主との関係の中でどのように発達、進化してきたのかについて、総説論文をいくつか書いた。そのうちのひとつは、"Parasitic Birds and Their Host: Studies in Coevolution" (Rothstein, S. I. and Robinson, S. K. eds. Oxford University Press, 1998）の一章としても収録された。

アメリカ留学

かねてより海外留学を望んでいたので、一九八六年から二年間、米国ミシガン大学（University of Michigan, Ann Arbor）の動物学博物館（Museum of Zoology）に客員研究員として留学した（図61）。受け入れてくれたのは、托卵研究で著名なロバート・ペイン（Robert B. Payne）教授だった。ペイン教授のもとでは、ムクドリモドキ類の一種、コウウチョウの托卵行動についての研究を行なった。また、日本でも実施していたササゴイの

図 62　チャガシラヒメドリの巣に托卵されたコウウチョウの卵（右奥の１卵）。

投げ餌漁についての研究も発展させた。

コウウチョウの托卵研究では、宿主選択、卵の色や模様、ひなの行動などについて調べた。調査は大学構内や近隣の野外実験林などで行なった。対象となる鳥の密度が高く、巣探しも容易であったため、多数の托卵例を観察することができた（図62）。また、コウウチョウが属するムクドリモドキ類では宿主卵に穴をあけて孵化させなくすることが知られていたが、都合よく見えるこの方法が意外と限られた鳥でしか見られないため、その理由を探る野外実験も試みた。私自身が托卵鳥になりかわって卵に穴をあけ、そのなりゆきを追ったのである。結果、宿主となるホオジロ類などは、卵に穴をあけられると、その巣を捨ててしまう傾向があった。ただし、試みた二年間で結果が大きく異なっていたため、まだ論文にはしていない。

ササゴイの投げ餌漁については、合衆国南部のフロリダ州マイアミの湖沼で調べた。調査につき合ってく

図 63　パンくずを使って魚をおびき寄せるササゴイ。米国フロリダ州マイアミにて。

れたのは、オスカー・オウリー（Oscar T. Owre）教授だった。オウリー教授はマイアミ大学で鳥類研究を行なう研究者で、ミシガン大学の出身だった。オウリー教授から紹介されたヴィッキー・オスタール（Vicky Oesterle）も、観察にたびたび同行してくれた。ヴィッキーはあまりにも気さくな女性だったので、空港への出迎えや見送り、現地までの車の運転をふくめていろいろお願いしてしまっていたが、のちにマイアミ大学の数学教授の奥様であることを知り、冷や汗をかいた。

マイアミのササゴイの投げ餌漁については関連の論文がいくつか出ていたので、その場所に出向き、利用する餌の種類、投げてから魚を捕らえるまでの時間、捕獲の成功率、投げ餌漁の利用頻度などについて調べた。この地域のササゴイは、パンくずやポップコーンといった、人が魚に投げるものだけを使っていた（図63）。ただし、パンくずとポップコーンのどちらをどれだけ使うかは、場所により、個体によって異なっていた。その違いは、捕らえる魚の大きさや種類と関係していた。とくに小魚しかいない場所では、餌として大きいポップコーンでは食いつきが悪いため、ササゴイはパンくずしか使っていなかった。

野外調査に出かけない折には、学内各所で行なわれるセミナーや講義に積極的に出て、最新の知識や情報を得た。この当時は、行動生態学がさかんで、国内外のいろいろな地域から頻繁に関連の研究者が訪れ、各所で活発な議論が行なわれていた。とくに大学院生や若い研究者との会話や議論は、とても刺激的だった。

この二年間は、自分自身の研究や幅広い分野の勉強にたくさんの時間を費やすことができ、たいへん有意義な日々を過ごすことができた。また、近隣や遠隔地の自然地域に出かけ、鳥や自然の観察に多くの時間を費やすこともできた。

渡り鳥の衛星追跡

一九八八年四月、帰国してから（財）日本野鳥の会の研究センター所長に迎えられた。ここでの六年間は、希少種の保全にかかわる研究に従事した。とくに、人工衛星を利用したツル類などの渡り追跡研究に深くかかわり、ロシア、中国、北朝鮮、米国などの研究者といくつかの共同研究を行なった。この衛星追跡研究は、その後、今日に至るまで主要な研究テーマとして継続している。結果の詳細に

図 64　北海道北端にあるクッチャロ湖とコハクチョウの群れ。ハクチョウのまわりにいるのはオナガガモ。

ついては第8章や第9章で述べているが、以下には、研究の歴史を振り返り、現在までの研究の概要と保全への利用について述べておきたい。

一九九〇年四月はじめ、NTTによって開発された鳥用小型衛星用送信機を、北海道の北端にあるクッチャロ湖でコハクチョウに装着することになった（図64）。日本ではじめての試みだった。現地には、私たち以外にNTTやNECの関係者などもおもむいた。装着後、四月の中下旬になって、ハクチョウたちは北に旅立った。送信機を装着した四羽のうち、一羽が五月一七日にロシア北方、北極圏のツンドラ地帯の繁殖域に到達した。毎日、コンピュータの画面を見つめ、胸をときめかせながら、鳥たちの移動を追っていたのを思い出す。この成功によって、その後の衛星追跡研究は大きく進展することになった。

翌一九九一年、日本野鳥の会が中心になって実

図 65　ロシア・アムール川中流域でのひとこま。

施する衛星追跡は、NECからの大型研究・活動費を得て新しい国際共同研究プロジェクトとして出発した。対象はツル類。地球規模で絶滅が危ぶまれるツル類を象徴として、湿地の鳥と自然の保全をめざすプロジェクトとして位置づけられた。NTTは継続して、送信機のさらなる開発にとりくんでくれた。読売新聞は共同事業組織として、主に広報面を担当した。

私はこのプロジェクトの推進役、とりまとめ役をつとめた。このプロジェクトは、第一期で三年続き、大きな成果をおさめた。この間に追跡したツル類は、マナヅル、ナベヅル、タンチョウ、ソデグロヅル、クロヅルなどである。追跡個体数は合計六二羽、得られた測定位置の数は一四二〇四だった。共同研究することになった国内外の研究団体は二五、共同研究者の数は六〇人以上に及んだ。国外の主な共同研究団体は、ロシアの自然保護区中央研究所、ダウルスキー自然保護区、ヒンガンスキー自然保護区、ハンカ湖自然保護区、中国の黒竜江省自然資源研究所、モンゴルのバイガルカンバニー、北朝鮮の自然保護研究センター、米国の国際ツル財団、インドのケオラディオ国立公園などである。さまざまな人との出合いがあり、さまざまな自然や鳥たちとの出合いがあった（図65）。

その後、第二期の三年、第三期の約二年も同様にして引き継がれ、ツル類以外にも、オオワシやオジロワシなどの渡りが追跡された。

私は主に第一期にかかわったが、プロジェクトを進める過程でじつに多くのことを学んだ。まず、専門外の研究者との共同作業のあり方。たとえば、送信機の設計や製作にかかわる技術者には、自分の希望や要求を正確に、わかりやすく伝えることが必要だった。研究の過程と成果を共有すること、平たくいえば苦労や喜びをともにすることも重要だった。それが、技術者による次の技術の改良を促し、私たち自身を元気にすることにつながったのだ。

次に、海外の研究者、とくにロシア、中国、韓国、北朝鮮など、アジアの研究者や保全関係者との交流のあり方。ことばの壁、習慣の違いを越え、辛抱強く、互いにわかりあえるまでゆっくりと議論する必要があった。研究を実際の保全に生かすための議論には、ことさら慎重にならなければいけなかった。それぞれの国や地域の事情を考慮し、しかし研究の結果は結果としてきちんと生かす必要があった。

さらに、科学者以外の人との共同作業。研究の成果を一般の人にもわかりやすく伝えるためには、いろいろな工夫と努力が必要だった。話し方や文章の書き方など、日々学ぶことが多かった。どれもとても新鮮な経験だった。

一九九四年、私は東京大学に新設された野生動物学研究室（のちの生物多様性科学研究室）に移った。新しい研究室は、大学院での研究と教育に焦点をあて、野生動物や自然環境の保全をめざしていた。私はここでも、渡り鳥の衛星追跡を自分自身の研究テーマのひとつに選んだ。それまでに行なってきた研究の成果が、まだ十分にまとまっていなかったからである。また、新たに試みたい鳥の種や地域もあったからである。

幸いにして、研究費も環境省から得ることができた。国立環境研究所情報解析研究室の田村正行さん（のちに京都大学教授）たちとの共同研究が始まった。目的はやはり、希少鳥類とその生息環境の保全をめざしたものだった。対象となったのは、ツル類、コウノトリ類、ガン類、タカ類などである。新たな種、新たな地域をふくめて衛星追跡を進める一方、私たちは衛星追跡した鳥たちが滞在した場所を目で見て確かめるため、ロシアや中国の各地を訪れた。目で見る自然や鳥たちの様子は、やはりとても新鮮だった。が、鳥たちがくらす自然は各地で大きく変貌していた。

この共同研究で私は、衛星追跡の結果を衛星の画像解析やコンピュータのシミュレーションと組み合わせる方向に発展させた。田村さんたちは画像解析やシミュレーションの専門家であったので、研究は予想通りあるいは予想以上の成果を生み出した。とくに、中国東部、渤海沿岸の渡り中継地の破壊がコウノトリの渡り経路を南北に分断することを示唆した論文は、今日に至るまで大きな影響力を発揮している（Shimazaki *et al.* 2004）。この研究は、当時、国立環境研究所に所属していた島崎彦人さんが中心になって実施したものだ。島崎さんは、現在、木更津工業高等専門学校の准教授をしておられる。

これらの研究を通じて私は、鳥をはじめとした野生動物の生態や保全研究に、先端科学技術を導入することの重要性をますます実感した。

ハチクマの渡り追跡

その後も衛星追跡研究は継続され、今日に至っている。研究が開始されてから、二〇年ほどが経過している。これまでにさまざまな渡りの経路が明らかになっているが、一連の研究の中でもっとも刺激的だったのは、第8章や第9章で紹介したハチクマの渡り追跡である。以下にもう一度、渡りの概要を紹介しておこう。

ハチクマは秋、繁殖地である本州の中~北部を西に進み、九州の西の端、五島列島の福江島あたりから東シナ海七〇〇キロを越え、中国東岸の揚子江の河口付近に移動する。その後、中国の内陸部に少し入ったのち南下し、ベトナム、ラオス、タイ、ミャンマーなどからマレー半島を経由し、インドネシアやフィリピン方面まで渡る。Cの字を描く、きわめて大きな迂回経路である。これらの越冬地に到達するのが目的なら、南西諸島経由で南下する方が時間もエネルギーもはるかに節約できる。だが、そうはしないのである。

春には、マレー半島北部までは秋の経路を逆戻りし、その後、秋の経路より大陸内部に入り、中国の渤海沿岸を北上して朝鮮半島北部まで移動する。そこで九〇度方向転換し、なんと朝鮮半島を南下して九州に入ったのち、東に進んで本州の中~北部の繁殖地に戻る。これまた、九〇度の方向転換を何度も行なう、きわめて大きな迂回経路である。やはり、南西諸島を北上する方が時間もエネルギーもはるかに節約できるのに、そうはしない。また、秋のように東シナ海を越えればよいのに、そうもしない。理由は第8章で述べた通り、東シナ海の利用の可否、とくに季節によるその地の気象条件の特性と関係している。

いずれにせよ、驚くべきことにハチクマは、この春秋の渡りを通じて東アジアのすべての国をめぐっている。春と秋の渡りの延長距離は、それぞれ一万キロほど、両方で二万キロ以上になる。毎年、それだけの長い距離を移動しながら、日本と他国の遠隔地をつないでいるのである。いってみれば、東アジアの親善大使のような鳥なのだ。

私は気分がすぐれない時、ハチクマのこの渡り経路をながめる。こんなすごい渡りをしている鳥を研究できていることに、無条件に喜びを感じる。元気をとり戻すことができるのだ。

保全に向けての研究成果の利用

衛星追跡研究は、鳥たちの渡りの様子をさまざまに明らかにしてくれただけでなく、保全に向けての具体的な活動を促進することにも役立った。主なものをいくつかあげると、北朝鮮では板門店、鉄原、文徳、金野の四地域がツルの渡りの重要な中継地となっていることを示した論文にもとづき、一

図 66　北朝鮮東海岸の金野。ツルの衛星追跡研究がもとになって、この地域の 2000 ヘクタールが国の自然保護区に指定された。

九九五年一二月、文徳の約三〇〇〇〇ヘクタール、金野（図66）の二〇〇〇ヘクタールがツルの中継地保全を目的にした国の保護区に指定された。この論文は、東京の朝鮮大学校の鄭 鐘烈教授、北朝鮮の科学院自然保護センターの朴 宇日研究員との共著になるものだ。私たち三人は、この論文発表後、北朝鮮でツルたちが滞在した地点を視察すると同時に、政府関係者などに会って重要中継地の保全を呼びかけたのだった。

衛星追跡によって九州出水との行き来が明らかになったロシア中南部の繁殖地、ムラビヨフカには、一九九三年六月に五二〇〇ヘクタールの自然公園が設立された。この設立に衛星追跡の結果がとくに大きな役割を果たしたわけではないが、日本とロシアの関係者の交流を促進することになった。ムラビヨフカの自然公園は、農業活動を実践しつつ生物多様性の保全をめざすことを目的に設立されたもので、今日、環境保全や環境教育の実践の場として世界に広く知られている。

朝鮮半島やロシアに数千ヘクタールもの保全地域をいくつも設置することに貢献した衛星追跡の威力は、たいへんなものである。

一方、出水で越冬するマナヅルの繁殖地などとして重要であることがわかった中国黒龍江省の三江平原では、ツルの衛星追跡や空中調査と衛星画像を重ね合わせた結果にもとづき、当初の開発計画に対して大幅な変更を提言した。その内容は、開発範囲の縮小と変更から、新たな保護区の設置、開発後の監視体制の確立にまでわたった。提案内容の一部、たとえば保護区の設置などは、のちに実施に移されることになった。

衛星追跡の結果は、野外観察の結果と合わせて、渡り中継地や繁殖地、越冬地をつなぐ、保全に向けてのネットワークづくりにも貢献している。現在、関係国の自然保護団体、研究者、行政担当者などが協力して、保全に向けての行動指針や行動計画の作成に努力している。遠く離れた自然と自然、人と人をつなぐ重要な役割も果たしているのだ。

今後に向けて

研究生活を続けて四〇年あまり。これまで述べてきたこと以外にも、カラスと人間生活との軋轢の解明、学生との共同研究になるメグロ、マガン、サシバ、コアジサシ、アホウドリなどの保全関連研究など、さまざまなことがらにとりくんできた。とくにカラスについては、車を利用したクルミ割り、線路への置き石、屋外の洗面所からの石鹸盗み、ロウソクの持ち去りと野火の発生などの行動研究を行ない、社会的にも大きな注目を浴びた。

最近では、温暖化が鳥をはじめとしたさまざまな生きものの生活に及ぼす影響についても研究している。これらの研究は、国内では新潟の小池重人さん、海外ではボストン大学のリチャード・プリマック教授、コネチカット大学のジョン・サイランダー教授、ミシガン大学のイネス・イヴァネス助教授らとの共同研究である。すでにいろいろな成果があがっており、いくつもの論文にまとめられている（たとえば、樋口ほか 2009, 小池・樋口 2009, Primack *et al.* 2009, Ibanes *et al.* 2010）。

いろいろな苦難もあったが、自分の好きな道を歩み、たくさんの成果をあげることのできた私のこれまでの研究人生は、まことに幸せなものだったといえる。よい研究の場や機会に恵まれ、よい仲間や学生に恵まれた結果である。お世話になった方々、一緒に研究を進めてくださった人たちには、深く、深く感謝している。

やり残していること、新たにとりくみたいことは、まだまだいっぱいある。今後も、場を変えて、しばらくは研究を続けていく予定だ。これまでに得た知識や経験、国内外の人とのつながりをたいせつにしながら、私らしい研究をさらに展開していきたいと思っている。

第11章——若き日の「恩師」、エルンスト・マイヤー

前章でも述べたように、私はこれまで国内外のさまざまな研究者に学問上の影響を受けてきたが、とりわけ、米国ハーヴァード大学のエルンスト・マイヤー（Ernst W. Mayr）教授に強い影響を受けた。エルンスト・マイヤーは、一九〇四年、ドイツのケンプテンの生まれ、二〇代の後半にアメリカ合衆国に渡り、その後、進化生物学者、鳥類学者として数々の研究を行ない、何冊ものすぐれた著書を残した。二〇〇五年に一〇〇歳で亡くなっている。

もっとも、強い影響を受けたとはいっても、私は直接マイヤー教授から教えを受けたことはない。お会いしたのは、一九九七年、カナダのオタワでの国際鳥類学会でただの一度である。

若い頃の思い出話にもなるが、お礼の意味をふくめて、マイヤー教授とのかかわりのあらましを述べておきたい。

著書を読む

私がマイヤー教授から影響を受けたのは、その著書を通してである。最初は一九四二年発行の"Systematics and the Origin of Species"（Columbia University Press, 1942）であった。当時、宇都宮大学三年の頃だったと思うが、東京渋谷の山階鳥類研究所の輪読会でこの本の存在を知った。山階鳥類研究所では、浦本昌紀先生（のちに和光大学教授）を中心に若手の鳥の研究者が集まり、海外で出版された進化生物学や生態学、行動学のすぐれた著作を輪読していた。

宇都宮から東京に頻繁に出てくることは経済的、時間的に困難であったため、途中から一人で読んだ。生物学的種概念、地理的種分化の重要性、島の生物の特徴などについて、いろいろなことを学んだ。一度では十分に理解できなかったところも多かったので、全体を三回読んだ。毎回、いろいろな書き込みをしていったので、本の中は真っ黒になった。

次に読んだのは、"Animal Species and Evolution"（Harvard University Press, 1963）である（図67）。大学四年の時だった。読み進んでいくうちに、種、種分化、進化にかかわることがらが、頭の中で次々に整理されていくのを感じた。この本とは徹底的につき合わなければいけない、と思い、重要なことがらを項目ごとにノートにまとめていった。八〇〇ページ近い大著だったが、十分に理解するために四回繰り返して読んだ。それだけの意欲を起こさせる威力を、この本はもっていた。

まとめに使った分厚い大学ノートは、六冊になった。このまとめの作業は、たいへん勉強になった。

図 67　エルンスト・マイヤー著 “Animal Species and Evolution”。20 代の頃、夢中で読み、数多くのことを学んだ。

今でいう生物多様性の意味、仕組、進化のあり方、あるいは生物界の成り立ちを根本から勉強するすばらしい機会だった。項目をデータベースとして整理することのできにくい時代であったが、ノートへの記述は、頭の中を整理するのにはとても役立った。この頃に勉強したことがらは、今でも鮮明に頭の中に残っている。

島の鳥の研究

同じ頃、私はマイヤーの著書や論文に触発されて、伊豆諸島の鳥類の生態や種分化にかかわることがらを調べ始めた。島にすむアカコッコ、イイジマムシクイ、ヤマガラ、コマドリ、メジロなどの生態や形態の特徴、近縁種や近縁亜種との比較、固有種の起源などについて野外調査をし、考えをめぐらせた。宇都宮大学を卒業する時期に、卒業論文とは別に、『伊豆諸島の鳥類――その進化生物学的考察』（宇都宮大学探鳥会発行、一九六九年）という小冊子をまとめた。今、読み返してみると、自分自身の研究というよりも、マイヤーのいっていることを伊豆諸島の鳥類にあてはめてみた、という内容である。研究といえるほどのものではないが、その後の関連研究を進めるよい出発点になったことはまちがいない。

私はこの冊子を、当時、日本の鳥類研究を牽引していた黒田長久（山階鳥類研究所）、浦本昌紀（前出）などの諸先生方に送った。ガリ版刷りの粗末な冊子だったが、このお二人をふくめて多くの方からていねいな返信が来た。皆、それなりの評価をしてくれており、うれしかった。

東京大学の大学院に進んだ頃、デイビッド・ラック（David L. Lack）の"Darwin's Finches"（Cambridge University Press, 1947）を翻訳する機会に恵まれた。浦本昌紀先生との共訳だった（訳書名『ダーウィンフィンチ――進化の生態学』浦本昌紀・樋口広芳訳、思索社、一九七四年）。ラックはマイヤーと親交の深かった鳥類学者であり、この名著"Darwin's Finches"も、マイヤーの種分化の理論がふんだんに盛り込まれた本だった。というよりも、マイヤーの主張する種や種分化にかかわることがらを、ガラパゴス諸島のダーウィンフィンチ類を使ってより実証的に描き出した著作、といった方がよいかもしれない。

ただしラックは、マイヤーよりも生態学により焦点をあてて研究しており、種間の生態の違い、とりわけ採食習性の違いが種分化や適応放散に果たす役割に力点を置いていた。とはいっても、ガラパゴス諸島での限られた期間の野外研究からその視点を発展させることは困難であったため、数多くの収蔵標本を測定し、とくに採食器官としてのくちばしの形状に注目しながら自論を展開していた。翻訳を進めるにあたって、マイヤーの本のように要点をノートに記述するようなことはしなかったが、全体を七回ほど通して読むことになったので、内容はしっかりと頭の中に残った。また、マイヤーの主張を確認していくのにもよい機会となった。

なお、ダーウィンフィンチ類の野外研究は、その後、プリンストン大学のピーターとローズメリー・グラント夫妻を中心に長年にわたって行なわれ、すばらしい進化生物学研究に発展した。その研究のあらましは、研究のエピソードを散りばめながら『フィンチの嘴――ガラパゴスで起きている種の変貌』にまとめられている(ジョナサン・ワイナー著、樋口広芳・黒沢令子訳、早川書房、一九九五年)。

心の恩師

マイヤーはその後も"Principles of Systematic Zoology"(McGlaw-Hill, 1969),"Populations, Species, and Evolution"(Harvard University Press, 1969),"Evolution and the Diversity of Life"(Harvard University Press, 1976)などを次々に出版し、私はそれらももちろん読んだ。これら著書の中でも、生物学的種概念を根本に置き、地理的種分化の重要性を説き、遺伝的変異と自然選択を軸とする進化の総合説を唱えるマイヤーの主張は、一貫して変わらなかった。

大学院の博士課程を終えた三年後、私は、『鳥の生態と進化』（思索社、一九七八年）を出版した。この本は、マイヤーやラック、その後に登場した進化生物学者ロバート・マッカーサー（Robert H. MacArthur）、マーティン・コディ（Martin L. Cody）などの研究や考えを自分なりに消化し、自身の研究をもとり込みながら鳥類の多様性の進化について論じたものだ。自身で研究すればするほど、また考えをめぐらせればめぐらせるほど、種概念や種分化についてのマイヤーの主張が適切であることを再認識することになった。

しかし、その後、時代は移り変わり、ほかの数多くの研究者によって関連の新しい研究や書籍が出版されていった。また私自身の興味も変化し、私はマイヤーから次第に遠ざかっていった。だが、若い頃にマイヤーから吸収したものは、私の中にしっかりと根づき、その後の研究、とくに生物多様性の意味、仕組、進化にかかわる研究の基礎をなした。

直接教えを受けたことこそなかったが、私はマイヤーを我が若き日の「恩師」と思っている。おそらく、同じような思いを抱く科学者は、世界中に数多くいることだろう。すばらしい本との出合い、その著者を恩師と思えるような貴重な経験を積むことができたことは、今思い返してみてもたいへんありがたいことだった。

二〇〇八年二月、私は米国東部へ講演旅行に出かけた。ボストン大学のリチャード・プリマック教授やコネチカット大学のジョン・サイランダー教授などによる招待だった。ハーヴァード大学、ボストン大学、タフツ大学、ダートマス大学、コネチカット大学、マノメット自然保護センターなどで合

図 68　米国ハーヴァード大学比較動物学博物館での講演。鳥の渡りと地球環境の保全にかかわることがらについて話した。

計一〇回ほど講演した。演題は、鳥の渡りの衛星追跡や野生動物と人間生活との軋轢など、生物多様性の保全や管理にかかわることがらだった。

この折、マイヤーが所属していたハーヴァード大学比較動物学博物館でも講演する機会があった（図68）。ただし、マイヤーは三年前の二〇〇五年にすでに亡くなっていた。講演の最初に、私は若い頃にマイヤー教授の著書から数多くを学んだことを話した。講演した内容こそ種分化や進化にかかわることがらではなかったが、多くの鳥類学者や保全関係者を前に貴重な経験をすることができ、とても感慨深かった。

二〇一二年三月、私は東京大学を定年退職し、慶應義塾大学大学院の特任教授となった。湘南藤沢キャンパスの所属だが、就任後、生物多様性研究ラボを立ち上げていただき、生物多様性の意味、仕組、進化、保全にかかわる研究と教育に携わっている。ラボには、昆虫や鳥、哺乳類、植物、あるいは景観生態などを研究している教員や研究員、学生がいる。

私の研究室の書棚の一番目につくところには、マイヤーの“Animal Species and Evolution”を置いてある。今は本を開くことはあまりないし、学生などに読むことを勧めることもほとんどない。だが、夢中で勉強し、たくさんのことを学んだその本を身近に置いておくことで、私はいつでも若い頃に戻って元気をとり戻すことができている。

第12章——日々のできごとの中の鳥や自然

鳥を研究していると、日常生活のひょいとしたできごとに登場する鳥たちのことが気になる。それは、テレビドラマの中であったり、新聞やテレビのニュースの中であったりする。あるいは、日常会話の中のことである場合もある。知っているだけに、ちょっと気になったり、不愉快に思ったり、あるいはなるほどそういうことかと思ったりするのだ。

一方、最近、尖閣諸島や竹島などをめぐる領有の問題がきびしさを増している。ニュースなどにとりあげられることはないが、これらの島々は、鳥をはじめとした生きもののすみかとしても重要性が高い。人間社会のできごとだけでいろいろなことが進行してしまいそうな気配がして、とても心配だ。

また、鳥に限らず、自然や生きものの世界が急速に失われていく中で、規則や法律などによる規制では明らかに不十分であることを日々痛感する。一方、鳥たちの生命（いのち）をたいせつに思いながら、やはり自然の中でくらす魚や貝、タコやイカを日々好んで食べている。生命をたいせつにするとはいったい何なのか、といった根源的な問題にしばしば陥ってしまう。

この章では、そうしたことがらのいくつかを硬軟織り交ぜてとりあげ、考えをめぐらせたい。テレビドラマに登場する鳥二つ、ニュースで扱われる不愉快なことがらひとつ、尖閣諸島の生きものをめぐることがらひとつ、そして日々の食事と生物多様性保全とのかかわりについてひとつ扱うことになる。

小次郎はほんとうにツバメを切ったのか

巌流島で宮本武蔵と対決した佐々木小次郎は、燕返しの秘剣で知られる。燕返しとは、すばやく飛びまわるツバメを長剣「物干しざお」で切り落とす至難の業である。ツバメは単に高速で飛ぶだけでなく、そのいわゆる燕尾状の尾を利用して、空中ですばやく方向を変えることができる。少し専門的にいえば、すぐれた旋回能をもっているのである。それによって、空中を飛ぶ昆虫などをとって食べている。単にまっすぐに飛ぶ鳥であれば、仮に高速で飛んでいても、その軌跡を察して切ることはそれほどむずかしくないだろう。しかし、高速でしかも旋回能を生かして飛ぶツバメにあっては、その軌跡を読むことはきわめてむずかしく、だからこそ、小次郎ほどの剣術家でなければ切ることができなかった、と考えられる。どこまで現実の話なのか定かではないが、鳥を扱った興味深い話である。

さて、ＮＨＫの大河ドラマ「武蔵」は二〇〇三年に放映された。私は毎回というほどではないが、楽しみに見ていた。このドラマの中で、小次郎が燕返しをあみだした場面が登場した。場所は、福井県福井市にある一乗滝《いちじょうだき》。テレビの場面を再現すると、滝の付近に立つ小次郎が、飛び交う鳥を一瞬にして切り落とす。地上に小鳥が落ちる。落ちた鳥が画面に大きく映し出される。が、その鳥はツバメならぬ、イワツバメだった。

これを見ていて、私はおぉっと思った。また、なんだ！　とも口に出した。小次郎が切り落としたのがイワツバメなら、燕返しの術もそうたいしたことはないからだ。イワツバメはツバメと違い、旋回能はあまり発達しておらず、直線的な飛び方をする。それなら、飛ぶ軌跡を読むことはそれほどむずかしくないのである。また、場所も気に入らなかった。滝の付近の環境は、ちょっとツバメがすむようなところでもなかったからだ。

そこで、たのまれもしないのに（！）、福井の一乗滝に出かけてみることにした。夏のある日のことだった。足羽川の支流、一乗谷川の一乗滝に着いて、疑問に思っていたことがあたっていることにすぐ気がついた。その場所は狭い谷あいにあり、滝や川を囲むように木々も茂っていた。滝に続く川の流れは速く、下流に向けて勢いよく流れていた。予想した通り、ツバメのすむような環境ではなかった（図69）。また、イワツバメが飛び交うような環境でもなかった。実際、どちらのツバメも見られなかった。

付近には公園のようになっているところがあり、そこには刀をもってかまえる小次郎の像があった。なんとなくもやもやして気分がすぐれなかったため、いくつかの情報源から小次郎や燕返しについて情報を得たところ、小次郎が燕返しをあみだした場所として、もうひとつ、山口県岩国市の錦帯橋

図69　福井県福井市にある一乗滝付近。ツバメがすむ環境とはいえない。

付近があることを知った。錦帯橋は日本三名橋のひとつに数えられるりっぱな橋だ。福井から在来線で京都に出て、そこから新幹線で岩国に向かった。車中、実在する話ではない可能性があるのだから、そんなにむきになることはないのに、と自分にいい聞かせたのだが、岩国ははじめての場所だった。旅好きの身としては、はじめてというだけでも行く価値があった。

錦帯橋はすばらしい橋だった。日本にもこんな橋があるのかと感心したが、それ以上にその周辺は興味深いところだった。幅約二〇〇メートルの錦川の沿岸には、柳の並木があり、いかにもツバメが飛び交いそうな環境だった（図70）。そして、到着後少し経ってから、実際に何羽かのツバメが飛び交うのに出合った。イワツバメではなく、ツバメだった。

図 70　山口県岩国市の錦帯橋付近。ツバメがすむのに好適な環境。実際に、春から夏の間、ツバメが飛んでいる。撮影：岩国市観光振興課。

もうひとこと足せば、ここは小次郎が燕返しをあみだす場として絶好の情景だった。目を閉じると、そんな光景が浮かんできそうな気配だった。

来てみてよかったと納得し、東京に戻った。

東京に戻ってから資料にあたってみた。一七七六（安永五）年に熊本藩の豊田景英が編纂した『二天記』によると、小次郎は越前国宇坂庄浄教寺村、現在の福井県福井市浄教寺町の生まれ、秘剣「燕返し」はその福井の一乗滝であみだしたとされている。一方、一九三〇年代に書かれた吉川英治の小説『宮本武蔵』では、小次郎は周防国岩国、現在の山口県岩国市の出身とされている。また、燕返しがあみだされた場は錦帯橋であることが記されている。

鳥の世界のことを重視するなら、燕返しが

あみだされた場所は、岩国の錦帯橋付近ということになる。NHKの関係者にこれまで述べてきたようなことを話したところ、一乗滝での一コマは、じつは別の場所、北陸の海岸で撮影されたものであるとのことだった。イワツバメのすむ環境としては問題ないところだ。いろいろ追加で疑問が生じたが、詮索してもあまり意味がなさそうだったのでやめることにした。

「はつ恋」とサンコウチョウ

さて、テレビドラマがらみでもうひとつ、書いておきたいことがある。二〇一二年五月から七月にかけて放映されたNHKの人気ドラマ「はつ恋」をめぐることがらだ。この連続ドラマは全八回で、毎週放映された。ガンに悩む言語聴覚士の女性主人公、初恋の相手に苦い別れを余儀なくされた経験をもつ、初恋の相手はパリ医科大学でガン治療を専門にする教授になる、偶然の機会から女性のガンの手術を受けもつことになる、女性の心の葛藤、家族への思い、やむなく彼の手術を受けることになる……といった展開で話が進む。まさにドラマチックな場面が次々と現れ、見ている者をひきつける。ドラマの主な舞台となったのは、静岡県の富士市と富士宮市。いろいろな場面で美しい富士山が姿を現す。と同時に、かなり頻繁に耳に入ってくるのが、サンコウチョウの声だ。ツキ（月）・ヒ（日）・ホシ（星）、ホイホイホイというさえずりである。気になるのはこの声だ。

静岡県の県の鳥、県鳥はサンコウチョウ（図71）である。雄の尾は体の何倍も長く、雌雄ともにくちばしや目のまわりはコバルトブルーに輝く。姿、鳴き声ともにとても魅力的な鳥で、静岡県を代表

図 71　サンコウチョウ。撮影：内田 博。

する鳥としてたしかにサンコウチョウはふさわしい。東南アジアから春に渡ってくる鳥だが、日本の各地で急激に数を減らしている。が、静岡県では、掛川市などをはじめとして県内でそう珍しい存在ではない。番組の中でしばしば登場すること自体に問題はない。気になるのは、このサンコウチョウのさえずりが、やたらあちこちの場面で出てくることだ。市街地であろうと農耕地や病院付近であろうと、おかまいなしにツキ・ヒ・ホシ、ホイホイホイの声が聞こえてくる。ほがらかで心地よい声ではあるのだが、鳥を知っている身からすると、ここで鳴くのはおかしいよ、といいたい場面が多いのだ。

　サンコウチョウが好んですみつくのは、一年中緑の葉をつけるカシやシイ、タブなどからなる照葉樹林やスギ、ヒノキの造林地など、よく茂った暗い林だ。畑に出てくることはまずないし、まして木々のない市街地で見聞きすることは絶対にない。

ドラマがよい展開になってきて、愛する男女のやりとりに目が離せないようなとき、ツキ・ヒ・ホシの声がＢＧＭのように流れると、正直いって幻滅してしまう。野生の鳥について知っている人であればわかることなので、そうした多くの人も気を落としたに違いない。

今日、日本で鳥を見聞きすることを趣味にしている人は、数十万～百万人ほどいるのではないかと推定される。これらの人が皆、番組を見ているわけではないし、またサンコウチョウの声やすんでいる場所について知っているわけではなかろう。しかし、家族や友人などと一緒に見ている場合には、おかしいよ！　という声は拡がってしまう。いずれにしても、生きものや自然を効果として使う場合には、その効果を台なしにしてしまわないよう配慮してほしいものだ。

官僚世界の「渡り」

インターネットで「官僚」「渡り」という二つの用語を入れると、いろいろな情報が出てくる。二〇一二年一〇月二七日現在、二二一万件もがヒットする。そのひとつ、「中学生のための雑学うんちく集」というところを見ると、次のような解説が出てくる。

官僚の天下りとは、官僚が公益法人や民間企業に再就職することです。それに対して「官僚の渡り（わたり）」とは、官僚が天下りをして再就職した公益法人や民間企業を退職し、さらにそのあと企業や団体に再々就職することを指します。要するに、官僚を辞めたあと、一回目の就職が「天下り」だった場合、そのあとの二回目以降の就職を「わたり」と呼んでいる訳です。この「わたり」の語源は、渡り鳥からきています。渡り鳥は、エサを求めて自分達が住みやすいところへと移動していきますよね。それと同じで、官僚がお金（給料・退職金）を求めて、就職と退職を繰り返す様子が渡り鳥のようなので、渡り鳥になぞらえて「官僚のわたり」と呼ばれています。

この問題は数年前、新聞やテレビ、週刊誌などで大きく扱われた。意味するところ自体は「うんちく集」にあるようなことなのだが、「官僚の渡り」ということばを聞くたびに私の心はひどく痛んだ。鳥の渡りとは、自然界で生死をかけた鳥たちの生活の営みである。一見、似たことがらのように見えなくもないが、鳥たちの営みはおごそかなものであり、長い進化の歴史の中で発達してきたものだ。それが、一部官僚の好まれざる行為と一緒にされている。なんという悲しいことか。

もちろん、厳密には、鳥の渡りは季節的往復移動であり、単に資源（食物やすみ場所）を求めて転々とする行動ではない。繁殖地と越冬地、その間にある中継地をめぐる、春と秋の二つの季節に見られる規則正しい行動だ。就職と退職を繰り返す様子が「渡り鳥のよう」というのは、まったくあてはまらない。

世の批判をきびしく浴びたせいか、その後、官僚の渡りは控え気味になっているようだ。このところ、このことばが報道関係に登場することも少なくなった。が、いずれにせよ、自然界での生死をかけたおごそかな行動と官僚の好まれざる行動をごっちゃにすることは、ぜひともやめてほしい。

尖閣諸島は国際自然保護区に

尖閣諸島をめぐる問題がきびしい状況を迎えている。日本と中国が互いに領有を主張し、相手国の言動を非難している。近海には漁船、海洋監視船、あるいは哨戒機などが行き来し、一触即発の危険もはらんでいる。それぞれの国が自国の土地であると主張する背景には、領有をめぐる歴史認識の違いがあり、海底油田の採掘などをめぐる利権の問題が絡んでいる。

日本政府は、この土地に領土問題は存在しない、つまり日本の国土の一部であることは明らかであり、議論の余地はないと主張している。しかし、そうはいいながら、この土地をどうするかの何の方針も示さず、一般国民はおろか、中央、地方を問わず行政が立ち入ることすら認めていない。

尖閣をめぐるこの問題は、どのように解決されるべきなのだろうか。歴史認識の違いや利権が前面に出る中での政治的解決というのは、あり得るのだろうか。あり得たとしても、互いがほんとうに理解、納得するということはまずないだろう。小さな島の問題から出発して、取り返しのつかない政治問題、あるいは武力闘争に発展してしまう可能性もある。

私は、尖閣諸島は国連のような国際機関が保全・管理する国際自然保護区にできないかと考えている。尖閣諸島には、センカクモグラやセンカクサワガニをはじめとして十数種の固有の動植物が生息・生育している。また、セグロアジサシ、カツオドリ、アオツラカツオドリ、アホウドリなどの海鳥が多数繁殖している。昭和三〇年前後に行なわれた調査の結果にもとづくと、当時の海鳥の生息数は一五〇万羽を超えるものと推定される。

また、私たちの研究グループが最近行なった分子遺伝学的研究によれば、尖閣諸島のアホウドリは、伊豆諸島鳥島で繁殖するアホウドリと遺伝的に遠く離れ、その違いは、ほかのアホウドリ類の近縁種間と同程度あるいはそれ以上とみなされる（江田・樋口 2012）。近い将来、センカクアホウドリとでも呼べる独立種になる可能性もある、学術上きわめて重要な繁殖集団なのだ。

尖閣諸島はきびしい地形や気象条件などから、人の居住には向いていない。一方、孤立した島々は、その安全性からアホウドリなど海鳥の繁殖には絶好の場所であり、自然の価値は非常に高い。だが、もし今後、人が不用意に立ち入ることなどになれば、安全性は損なわれ、生きものたちの生活は危ぶまれる。

また、この島々では、野生化したヤギが数千頭にまで増加し、それによって植生は破壊され、土壌がむき出しになって流出している。当然、島の生態系には多大な影響が及び、固有な動植物は減少あるいは消失し、海鳥の繁殖数も急減している。ただし、上陸しての本格的な調査はここ数十年間行なわれておらず、現状は不明のままである。このまま放置しておけば、島の生態系が悪化していくのは明らかだ。

尖閣諸島の自然や生きものの世界、生物多様性は、世界的に見ても貴重なものである。この地を国際的に重要な自然保護区として設定するという前提で、すみやかに学術調査を実施し、その結果にもとづいて具体的な保全・管理策を立てるべきである。それは、まかりまちがって行楽施設ができたり、周辺海域での石油採掘のための基地などになってしまう前に行なわれなければならない。学術調査の実施のさいには、関係国の研究者をふくむ国際的な研究チームを編成してもよいだろう。

尖閣諸島の近隣海域は、島で繁殖する海鳥の採食をふくめた生活圏として、たいへん重要な位置を占めている。そこが安全で豊かな漁場であるからこそ、島で多数の海鳥が繁殖できる。であれば、近隣海域も海鳥の生活圏として国際自然保護区の緩衝帯に指定し、陸域、海域ともに保全・管理の対象とすることが望ましい。日本は、この国際自然保護区がきちんと保全・管理されるにあたって、もちろん、責任ある立場をとることになる。

鳥たちには国境がない。アホウドリもほかの鳥も、人間が定めた国境を簡単に飛び越えて生活している。国境のない鳥、平和の使者である鳥たちのすむ島を、自然環境や生物多様性の保全を目的に、世界が共同で管理していくことができれば、ほかに類を見ない新しい平和のあり方として世界から注目されることになるに違いない。

「いただきます」に込められた意味

私たち人間は、自然や生きものの世界からさまざまな恩恵を受けている。その恩恵は、日本では古くから「自然の恵み」といわれてきた。わかりやすいのは、海の幸、山の幸として知られる魚介類や山菜など、食料となる自然の恵みである。日本は四方を海に囲まれ、魚や貝、エビやカニなどの魚介類にめぐまれている。私たち日本人は、この海の幸を重要な食料として生活を成り立たせている。また、日本の陸地の多くは森林におおわれ、そこでは山菜からキノコまで、多様な山の幸が得られる。これも、四季折々の食材として重要視されている。

最近、自然の恵みは、「生態系サービス」という語に置き換えられることが多い。意味するところは基本的に同じだが、生態系サービスの方は、自然や生きものの保全や利用、管理のあり方を視野に入れた、より積極的な概念として位置づけられる。生態系サービスは、供給サービス、調節サービス、文化的サービス、基盤サービスの四つに区分される。

供給サービスとは、食料、水、木材、医薬品原料、燃料などの供給にかかわるものである。調節サービスとは、人間が生きていく場としての環境の諸条件を調節する自然の恵みのことだ。文化的サービスとは、生きものや自然にふれあうことによって得られる、喜びや楽しみなどの精神的な恩恵のことである。バードウォッチングで得られる楽しみは、その代表的な例だ。基盤サービスは、ほかのサービス全般を支える生態系の基本的な機能そのものといえる。植物による光合成などがそこにかかわっている。

このように、どう呼ぶかは別にして、私たちは自然や生きものの世界から、じつにさまざまな恩恵を受けている。だが、私たちは日頃、こうした恩恵をどれだけきちんと認識しているだろうか。魚や貝、あるいは澄んだ水や空気はあってあたりまえ、木々だって、伐ってもまたすぐに生えてくるもの、くらいに思っている。しかし、こうした自然や生きものが織りなす世界「生物多様性」とそれがもたらす自然の恵みは、人口増加と一人あたりの消費量増加にともない、身近なところからも地球規模でも急速に失われていっている。あたりまえに思っていることが、あたりまえではなくなってきているのだ。

二〇一〇年一〇月、名古屋で第一〇回生物多様性条約締約国会議が開かれた。生物多様性の危機の現状が報告され、その保全や管理のあり方などが活発に議論された。その様子は、新聞やテレビなどでも広く報道され、ちょっとなじみにくい生物多様性ということばも、国民の間にどうにか浸透したかに見える。

だが、世の常として、会議が終われば関連の物事への関心は日々薄まっていく。しかし、日本や世界の今後の生物多様性の状況を考えると、薄まっていってよいものでは絶対にない。では、どのようにして関心を保っていくことができるだろうか。理屈を並べたてても、日常的には効果は少ないのではないかと思われる。ひとつのよい方法がある、と私は思っている。次のようなことだ。

私たち日本人は、食事をする前に、「いただきます」という。これは通常、農家の人たちが苦労して育て収穫したお米や野菜を食べることに対して、あるいはそうした食事ができるひとときに感謝の気持ちを込めていっている。しかし、私たちが口にしているものの多くは、たいせつな自然の恵みであり、生態系サービスの供給サービスにかかわるものである。私たちは、じつは古くから、こうした自然の恵みに感謝し、あるいは、ほかの生命（いのち）を犠牲にして自分の生命をつないでいることへのありがたい気持ちを表現するものとして、「いただきます」といっていたのではないだろうか。つまり、いただきます、とは、あなたの生命をありがたくいただきます、という生きものや自然への畏敬の念をあらわしていたのではないだろうか。それがすべてではなかったにしても、少なくともそうした意味は込められていたのではないかと思われる。

最近、内田美智子さんの『いのちをいただく』（西日本新聞社、二〇〇九年）という本に出合った。ほかの生きものの命を犠牲にして私たちの命が成り立っていることを、牛をめぐる日々のことがらの中で見事に描いた本だ。牛以外のいくつかの生きものをめぐる話も展開されている。生物多様性との関連で書かれているわけではないが、命をいただく、という意味を考えるうえでは共通したところがある。

現在では多くの家庭で、「いただきます」は儀礼的、あるいは単なる習慣として使われているように思われる。しかし、たちかえって、自然の恵みに感謝し、あなたの生命をありがたくいただきます、という思いをたいせつにすることは、私たちが身近な自然や地球の未来を考えていくうえで大事な一歩となるように思われる。

食事の前に、いただきます、といったことばを声に出す習慣、文化は、日本独自のものであるようだ。豊かな海の幸、山の幸のある中ではぐくまれ、そうした恵みに感謝しつつ、それを絶やすことなく利用してきた日本人の文化がもつ、すぐれた一面であるように思われる。この、いただきます、のことばは、自然の恵みに感謝し、あなたの生命をありがたくいただきます、という意味とともに、国内外にもっと拡められてよいのではなかろうか。

おそらく、食後の「ごちそうさまでした」のひとことにも同様なことがあてはまる。

このささやかなひとこと、ふたことによって、生物多様性の保全が飛躍的に進むことにはならないだろうし、生命の尊厳と利用をめぐるむずかしい問題を解決することにもならないだろう。しかし、日本や世界の人が、自然の恵みに感謝しつつ「いただきます」「ごちそうさまでした」を日常的に口にするようになれば、自然や生きものの世界は少なからずよい方向に向かうのではないかと思われる。

おわりに

二〇一二年の三月なかば、東京大学を定年退職するにあたって学内の弥生講堂で最終講義を行なった。演題は本書と同じ「鳥、人、自然」。内容も、カラスの地域食文化から鳥の渡りの衛星追跡まで、本書の内容と重複している。最終講義とはいっても正規の講義ではなく、一般公開されたものだった。会場には、研究室を巣立っていった元学生や研究員、研究上お世話になった方々を中心に三〇〇名以上の方が来てくださった。思い出に残る、とてもうれしいひとときだった。

本書は、この最終講義の内容を中心に、関連のことがらを加えて構成したものである。鳥という生きものに魅せられ、それがほかの生きものや自然と織りなすことがらを、多くの学生や仲間とともに研究してくることのできた、私の幸せな人生を振り返った書ともいえる。とはいえ、回顧録にするつもりはなく、鳥のくらしや自然のあり方について理解を深めることのできる内容になるよう心がけた。本文中では、細かい情報を示す図表はなるべく避け、情景を思い描くのに役立つ写真などを多く載せることにした。専門外の方にも気楽に読んでいただける内容になっているのではないかと、思っている。

本書のいくつかの章は、これまでほかの雑誌や書籍に書いた内容をもとにまとめたものである。本書にふくめるにあたっては、文章全体を整理したり、その後の情報や関連のことがらを加えたりした。もとになった報文などは、発表年順に記すと以下の通りである（かっこ内は本書の該当箇所）。

樋口広芳（二〇〇五）若き日の「恩師」、エルンスト・マイヤー。タクサ一九、九〇-九一。（第一一章）

樋口広芳（二〇〇六）鳥たちの貯食行動。バーダー、二〇（一一）、四二-四五。（第四章）

樋口広芳（二〇一〇）カラスの特異な食習性と地域食文化。カラスの自然史　第九章。（第五章）

樋口広芳（二〇一〇）「いただきます」に込められた意味。国際環境研究協会ニュース、一七四、二-三。（第一二章）

樋口広芳（二〇一一）放射能汚染が鳥類の繁殖、生存、分布に及ぼす影響――チェルノブイリ原発事故二五年後の鳥の世界。学術の動向、一六（一二）、七〇-七三。（第七章）

樋口広芳（二〇一二）これまでの研究生活をふり返って。鳥学通信、三四。（第一〇章）

樋口広芳（二〇一二）鳥類の渡りを追う――衛星追跡と放射能汚染。科学、八二、八七六-八八一。（第八章）

樋口広芳（二〇一二）鳥類の渡りの衛星追跡。環境研究、一六七、一一七-一二五。（第八章）

これら以外にも関連して書いたものを引用しているが、雑多な内容になるので省略させていただきたい。上記それぞれの文章を書くさいには、お誘いいただいた編集者の方々にいろいろお世話になった。また今回、本書に転載させていただくにあたってはご快諾いただいた。

本文中にも書いたが、まだまだやりたいことはたくさんあるので、相変わらず忙しい日々を送っている。そうした中で本書をまとめるのには、それなりの苦労があった。文章、写真やイラストの整理にあたっては、研究室の山口由里子さんや土方直哉さんにお世話になった。妻の晴美には、原稿の一部を読んでもらい、修正の手助けをしてもらった。写真やイラストの多くは、撮影者や作成者の方々から無償で気持ちよく貸していただいた。東京大学出版会編集部の光明義文さんには、企画段階から出版に至るまでいろいろなご助言その他をいただき、とても勇気づけられた。

これら皆さんの助けがなければ、本書の出版はかなわなかった。深く感謝したい。

二〇一二年一二月　大晦日をまぢかに控えて

樋口広芳

下村兼史．1936．北の鳥，南の鳥――観察と紀行．三省堂．
杉田昭栄．2006．カラスの脳とその能力を探る．Biophilia 3：43-48.
高木昌興・樋口広芳．1992．伊豆諸島三宅島におけるアカコッコの環境選好とイタチ放獣の影響．Strix 11：47-57.
高井和子．1994．スズメが手に乗った！　あかね書房．
高桑正敏．1979．伊豆諸島のカミキリ相の起源．月刊むし 104：35-40.
内田美智子．2009．いのちをいただく．西日本新聞．
Yamaguchi, N. *et al.* 2008. Spring migration routes of mallards *Anas platyrhynchos* that winter in Japan, determined from satellite telemetry. Zoological Science 25：875-881.
Yamaguchi, N. *et al.* 2012. Real-time weather analysis reveals the adaptability of direct sea-crossing by raptors. Journal of Ethology 30：1-10.

cific variation in population declines of birds after exposure to radiation. Journal of Applied Ecology 44：909–919.

Møller, A. P. *et al.* 2004. Antioxidants, radiation and mutations in barn swallows from Chernobyl. Proceedings of the Royal Society, B 272：247–253.

Møller, A. P. *et al.* 2005. Condition, reproduction and survival of barn swallows from Chernobyl. Journal of Animal Ecology 74：1102–1111.

Møller, A. P. *et al.* 2006. Chernobyl as a population sink for barn swallows: Tracking dispersal using stable isotope profiles. Ecological Applications 16：1696–1705.

Møller, A. P. *et al.* 2011. Chernobyl birds have smaller brains. PLoS ONE 6(2)：e16862. doi: 10. 1371/journal. pone. 0016862.

Mori, S. *et al.* 2012. An Eastern Crowned Leaf Warbler *Phylloscopus coronatus* nest parasitized by the Oriental Cuckoo *Cuculus saturatus* with a reddish egg in Hokkaido, Japan. Ornithological Science 11：109–112.

村上智美・ほか．2006．ヤマガラによる貯蔵散布がエゴノキ種子の発芽に及ぼす影響．日本林学会誌 88：174–180.

中村登流．1988．森と鳥と．信濃毎日新聞社．

仁平義明・樋口広芳．1997．ハシボソガラスの自動車利用行動の発生と広がり．現代のエスプリ 359：120–128.

Nihei, Y. and Higuchi, H. 2001. When and where diid crows learn how to use automobiles as nutcrackers. Tohoku Psychologia Folia 60：93–97.

Primack, R. *et al.* 2009. Spatial and interspecific variability in phenological responses to warming temperatures. Biological Conservation 142：2569–2577.

榊原茂樹．1989．イチイ *Taxus cuspidate* S. and Z. の種子散布におけるヤマガラ *Parus varius* T. and S. の役割．日本林学会誌 71：41–49.

柴田佳秀．2007．カラスの常識．子どもの未来社．

Shimazaki, H. *et al.* 2004. Network analysis of potential migration routes applied to identification of important stopover sites for Oriental White Storks (*Ciconia boyciana*). Ecological Research 19：683–698.

tal Research 7：161-164.
樋口広芳・ほか．2009．温暖化が生物季節，分布，個体数に与える影響．地球環境 14：189-198.
Ibanez, I. *et al.* 2010. Forecasting phenology under global warming. Philosophical Transactions of the Royal Society B 365：3247-3260.
Kanai, Y. *et al.* 1994. Analysis of crane habitat using satellite images. "The Future of Cranes and Wetlands"（Higuchi, H. and Minton, J. eds.）, pp. 72-85. Wild Bird Society of Japan.
Kanai, Y. *et al.* 1997. The migration routes and important restsites of Whooper Swans satellite-tracked from northern Japan. Strix 15：1-13.
唐沢孝一．1988．カラスはどれほど賢いか——都市鳥の適応戦略．中央公論社．
清棲幸保．1965．日本鳥類大図鑑 I-III 巻．講談社．
小池重人・樋口広芳．2009．地球温暖化と鳥類の生活．樋口広芳・黒沢令子編：鳥の自然史——空間分布をめぐって，pp. 205-219．北海道大学出版会．
Lack, D. 1947. Darwin's Finches. Cambridge University Press.
MacArthur, R. H. and Wilson, E. O. 1967. The Theory of Island Biogeography. Princeton University Press.
松田道生．2006．カラスはなぜ東京が好きなのか．平凡社．
Mayr, E. 1942. Systematics and the Origin of Species. Columbia University Press.
Mayr, E. 1963. Animal Species and Evolution. Harvard University Press.
Møller, A. P. and Mousseau, T. A. 2003. Mutation, sexual selection: A test using barn swallows from Chernobyl. Evolution 57：2139-2146.
Møller, A. P. and Mousseau, T. A. 2006. Biological consequences of Chernobyl: 20 years after the disaster. Trends in Ecology and Evolution 21：200-207.
Møller, A. P. and Mousseau, T. A. 2007a. Species richness and abundance of forest birds in relation to radiation at Chernobyl. Biology Letter 3：483-486.
Møller, A. P. and Mousseau, T. A. 2007b. Determinants of interspe-

Japanese Journal of Ecology 29：353–358.
樋口広芳．1985．島の国 日本の生物．堀越増興・青木淳一編：日本の生物，pp. 125–146．岩波書店．
樋口広芳．1996．飛べない鳥の謎──鳥の生態と進化をめぐる 15 章．平凡社．
Higuchi, H. 1998. Host use and egg color of Japanese cuckoos. In "Parasitic Birds and Their Host: Studies in Coevolution" (Rothstein, S. I. and Robinson, S. K. eds.), pp. 80–93. Oxford University Press.
Higuchi, H. 2003. Crows causing fire. Global Environmental Research 7：165–168.
樋口広芳．2005．鳥たちの旅──渡り鳥の衛星追跡．日本放送出版協会．
樋口広芳．2010．カラスの特異な食習性と地域食文化．樋口広芳・黒沢令子編：カラスの自然史──系統から遊び行動まで，pp. 123–141．北海道大学出版会．
樋口広芳．2011．赤い卵のひみつ．小峰書店．
Higuchi, H. 2012. Bird migration and the conservation of the global environment. Journal of Ornithology 153：3–14.
樋口広芳．2012a．鳥類の渡りを追う──衛星追跡と放射能汚染．科学 82：876–882.
樋口広芳．2012b．鳥類の渡りの衛星追跡．季刊環境研究 167：117–125.
Higuchi, H. and Momose, H. 1981. Deferred independence and prolonged infantile behaviour in young varied tits, *Parus varius*, of an island population. Animal Behaviour 29：523–528.
樋口広芳・森下英美子．1997．カラス置き石事件の真相．科学 67：173–178.
樋口広芳・森下英美子．2000．カラス，どこが悪い⁉　小学館．
Higuchi, H. *et al.* 1996. Satellite-tracking White-naped Crane *Grus vipio* migration and the importance of the Korean DMZ. Conservation Biology 10：806–812.
Higuchi, H. *et al.* 1998. Satellite tracking of the migration of the red-crowned crane *Grus japonensis*. Ecological Research 13：273–282.
Higuchi, H. *et al.* 2003. Soap storing by crows. Global Environmen-

引用文献

（よりくわしく知りたい方のために）

Camplani *et al.* 1999. Carotenoids, sexual signals, and immune function in barn swallows from Chernobyl. Proceedings of the Royal Society, B 266：1111-1116.

江田真毅・樋口広芳．2012．危急種アホウドリ *Phoebastria albatrus* は２種からなる!?　日本鳥学会誌 61：263-272.

藤田薫．1996．ヤマガラが好む貯食場所の環境．Strix 14：41-54.

藤田薫・ほか．2005．希少鳥類オーストンヤマガラとウチヤマセンニュウの2000年三宅島噴火前後の個体数変化．Strix 23：105-114.

長谷川雅美．1986．三宅島へのイタチ放獣，その功罪．採集と飼育 48：444-447.

長谷川雅美．2010．カラスの果樹園──伊豆諸島におけるハシブトガラス島嶼個体群の生態寸描．樋口広芳・黒沢令子編：カラスの自然史──系統から遊び行動まで，pp. 239-258．北海道大学出版会．

橋本啓史・ほか．2000．伊豆諸島におけるオオバエゴノキの種子散布──特にオーストンヤマガラとの関係について．国際景観生態学会日本支部会報 5：62-65.

橋本啓史・ほか．2001．伊豆諸島三宅島におけるヤマガラ *Parus varius* によるエゴノキ *Styrax japonica* の種子の利用と種子散布．日本鳥学会誌 51：101-107.

林田光祐．1989．北海道アポイ岳におけるキタゴヨウの種子散布と更新様式．北海道大学農学部演習林研究報告 46(1)：177-190.

樋口広芳．1975．伊豆半島南部のヤマガラと伊豆諸島三宅島のヤマガラの採食習性に関する比較研究．鳥 24：15-28.

Higuchi, H. 1977. Stored nuts *Castanopsis cuspidata* as a food resource of nestling varied tits *Parus varius*. Tori 26：9-12.

Higuchi, H. 1979. Habitat segregation between the Jungle and Carrion Crows, *Corvus macrorhynchos* and *C. corone*, in Japan.

[著者略歴]

一九四八年　横浜市に生まれる
一九七〇年　宇都宮大学農学部卒業
一九七五年　東京大学大学院農学系研究科博士課程修了
東京大学農学部助手、米国ミシガン大学動物学博物館客員研究員、（財）日本野鳥の会・研究センター所長、東京大学大学院農学生命科学研究科教授を経て、
現在　東京大学名誉教授、慶應義塾大学大学院政策・メディア研究科特任教授、農学博士
日本鳥学会元会長、The Society for Conservation Biology Asian Section 元会長

[主要著書]

『鳥の生態と進化』（一九七八年、思索社）、『赤い卵の謎――鳥の生活をめぐる十七章』（一九八五年、思索社）、『鳥たちの生態学』（一九八六年、朝日新聞社）、『保全生物学』（編著、一九九六年、東京大学出版会）、『湿地と生きる』（共著、一九九七年、岩波書店）、『カラス、どこが悪い!?』（共著、二〇〇〇年、小学館）、『鳥たちの旅――渡り鳥の衛星追跡』（二〇〇五年、日本放送出版協会）、『生命にぎわう青い星――生物の多様性と私たちのくらし』（二〇一〇年、化学同人）、『カラスの自然史――系統から遊び行動まで』（共編著、二〇一〇年、北海道大学出版会）
ほか多数

鳥・人・自然
いのちのにぎわいを求めて

二〇一三年五月一五日　初　版

検印廃止

著　者　樋《ひ》口《ぐち》広芳《ひろよし》

発行所　一般財団法人　東京大学出版会
代表者　渡辺　浩
一一三-八六五四　東京都文京区本郷七―三―一　東大構内
電話：〇三―三八一一―八八一四
振替〇〇一六〇―六―五九九六四

印刷所　株式会社　精興社
製本所　牧製本印刷株式会社

ISBN 978-4-13-063336-9 Printed in Japan